原子力安全の基本

設計・評価・管理の視点

山形 浩史 著

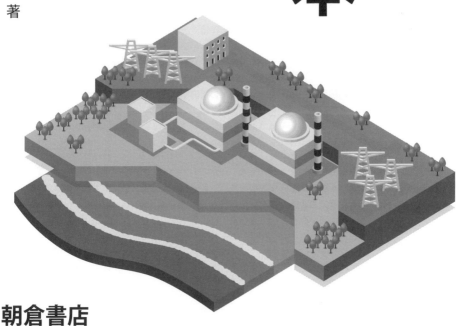

朝倉書店

──── 書籍の無断コピーは禁じられています ────

　本書の無断複写（コピー）は著作権法上での例外を除き禁じられています。本書のコピーやスキャン画像、撮影画像などの複製物を第三者に譲渡したり、本書の一部を SNS 等インターネットにアップロードする行為も同様に著作権法上での例外を除き禁じられています。

　著作権を侵害した場合、民事上の損害賠償責任等を負う場合があります。また、悪質な著作権侵害行為については、著作権法の規定により 10 年以下の懲役もしくは 1,000 万円以下の罰金、またはその両方が科されるなど、刑事責任を問われる場合があります。

　複写が必要な場合は、奥付に記載の JCOPY（出版者著作権管理機構）の許諾取得または SARTRAS（授業目的公衆送信補償金等管理協会）への申請を行ってください。なお、この場合も著作権者の利益を不当に害するような利用方法は許諾されません。

　とくに大学等における教科書・学術書の無断コピーの利用により、書籍の流通が阻害され、書籍そのものの出版が継続できなくなる事例が増えています。

　著作権法の趣旨をご理解の上、本書を適正に利用いただきますようお願いいたします。　　　　　　　　　　　　　　　　[2025 年 1 月現在]

は　じ　め　に

　安全文化を構成する最も重要な要素の一つは，「常に問いかける姿勢」です．
この問いかけを行うには，安全の基本を十分に理解していなければなりません．本書は，原子力発電の安全の基本を知識として皆さんに提供するものです．原子力発電は安全だと解説したり，喧伝したりする本ではありません．

　原子力発電所には大量の放射性物質が存在します．放射性物質はその名のとおり放射線を放出する危険な物質です．しかも，運転中は放射性物質が高温高圧下にあります．運転を停止しても放射性物質は放射線と熱を発し続けます．原子力発電所では，人や環境に被害を与えないよう，高温高圧下の危険な放射性物質を技術で管理しなければなりません．

　一言で「技術」といっても，設計思想，実験データ，評価・解析ソフト，製造技術，規格など様々なものがあります．「管理」には，管理を行う人と組織を統制する仕組みや，基礎となる文化などがあります．多くの人が，様々な分野において，それぞれの立場で実務に携わっておられます．その際に，「本当に大丈夫か？」と自分や同僚に問いかけができていますか．コンピューターが解析結果を表示すると，もっともらしく見えて鵜呑みにしていませんか．コンピューターが解析できる適用範囲は限られていますし，不確かさも含んでいます．何も疑わず指示されたマニュアルどおりに作業をしていませんか．マニュアルは完璧ではありません．マニュアルどおりだと場合によってはミスを見逃す可能性もあります．法令に違反する裏マニュアルも存在します．

　本書は，「本当に大丈夫か？」と考えることができるための基本知識をまとめたものです．原子力にこれから携わる学生や新入社員，現在携わっている全ての人に読んでもらえるように，できるだけ分かりやすい表現を試みました．

　本書の第1章では先ず原子力の危険性を知ってもらい，その上で，第2章では安全とは何かを説明します．第3章から第8章は，原子力発電を安全に設計するための基本知識です．第3章では原子力に限らず一般的な安全対策の基本

である深層防護の考え方，第4章では原子力発電の深層防護，第5章では信頼性，第6章では保守性，第7章では想定の網羅性など，第8章では重要度を説明します．第9章から第11章は，設計の安全を評価するための手法です．第9章では決定論的安全評価，第10章では確率論的リスク評価，第11章ではストレステストです．それぞれの特徴，長所や限界を理解してください．第12章から第14章は，人と組織にまつわる基本知識です．第12章では原子力発電所を運営する事業者の責任，第13章では責任を果たすための事業者の内部統制，第14章では全ての基盤となる安全文化について説明します．

筆者は京都大学で原子核工学を専攻した後，1987年に通商産業省（現：経済産業省）に入り，1992年から2年間だけ原子力安全規制を担当しました．その間に，シビアアクシデントの際に対応できる消防車やベントの自主的整備を電力会社に要請する文書の発出もしました．2011年3月11日，筆者は島根県松江市への出張中に電話で地震の連絡を受け，その夜はテレビで東京電力福島第一原子力発電所事故の様子を見守るしかありませんでした．すぐに東京電力本社に派遣され事故収束の指導にあたりました．年明けから，事故を分析し教訓をとりまとめ，新しく設立された原子力規制庁では，新しい規制基準の作成，再稼働の審査を行い，最後は審査チーム長と緊急事態対策監を掛け持ち2021年に退官しました．現在は長岡技術科学大学のシステム安全工学分野の教授として，研究と学生への講義や民間での研修などを行っています．

福島第一原子力発電所事故の教訓を踏まえて，日本では原子力発電に関する安全の基本的考え方が大きく変わりました．基準作成や審査の過程において，多くの議論を経て新しい安全の基本的考え方が整理されました．同事故から10年以上が経過し，筆者は，これらをまとめておくべきと考えました．

これから原子力を学ぶ大学生，原子力に携わる若手社員・ベテラン社員に，原子力安全の基本的考え方を理解してもらうための教科書を作成しました．本書を読んで「本当に大丈夫か？」と常に問いかけ続け，二度と福島第一原子力発電所事故のような事故を起こさないようお願いします．

2025年2月

山 形 浩 史

目　　　次

第1章　原子力の危険性 ……………………………………………… 1

1.1　放射線の危険性　*1*

1.2　原子力発電所の危険性　*5*

第2章　安全とは何か ………………………………………………… 12

2.1　個人にとっての安全　*12*

2.2　社会にとっての安全　*14*

2.3　社会規範としての安全　*14*

2.4　社会的安全と個人的安全の違い　*16*

2.5　安全目標　*19*

2.6　原子炉等規制法での安全　*21*

第3章　安全対策の基本：深層防護の考え方 …………………… 24

3.1　深層防護の歴史　*24*

3.2　深層防護の基本構造　*26*

3.3　設計基準事象・設計基準事故　*29*

3.4　層間の独立性　*31*

3.5　後段の層ほど想定を幅広く　*33*

第4章　原子力発電所の深層防護 ………………………………… 36

4.1　原子力発電所の危険とは　*36*

4.2　IAEA の深層防護の考え方　*37*

4.3　日本の原子力発電所における深層防護の具体例　*39*

4.4　後段の層ほど幅広く　*43*

4.5　性能目標　*45*

第5章 信頼性 ……………………………………………………… 48

5.1 個々の対策の信頼性　*48*

5.2 各層の信頼性　*52*

第6章 保守性 ……………………………………………………… 58

6.1 不確かさとは　*58*

6.2 不確かさの重ね合わせ　*60*

6.3 保守性　*62*

第7章 想定の網羅性と論理的選定，定期的見直し ……………… 67

7.1 起因事象と誘因事象　*67*

7.2 網羅性と論理的選定　*68*

7.3 トレーサビリティ　*71*

7.4 定期的見直し　*73*

第8章 重要度 ……………………………………………………… 75

8.1 重要度分類　*75*

8.2 等級別扱い　*79*

8.3 頻度と判断基準　*80*

8.4 重要設備と大きな不確かさをもつ自然現象　*81*

第9章 決定論的安全評価 ………………………………………… 85

9.1 決定論とは　*85*

9.2 安全評価　*86*

9.3 制約と目的にそったアプローチ　*91*

第10章 確率論的リスク評価 ……………………………………… 93

10.1 確率論　*93*

10.2 イベント・ツリーとフォールト・ツリー　*94*

10.3 様々な確率論的リスク評価　*98*

目　　次　　　　　　　　　　　　　　　v

10.4　確率論的リスク評価の有用性と限界　*98*

10.5　安全目標・性能目標と継続的改善　*101*

第11章　ストレステスト………………………………………………*104*

11.1　ストレステストの歴史　*104*

11.2　ストレステストとは　*105*

11.3　継続的改善としてのストレステスト　*108*

第12章　事業者の責任…………………………………………………*110*

12.1　なぜ規制は必要か　*110*

12.2　原子炉等規制法　*112*

12.3　基準の構造　*116*

12.4　原子力損害賠償法　*118*

12.5　コンプライアンス　*120*

第13章　内部統制………………………………………………………*123*

13.1　内部統制とは　*123*

13.2　コーポレートガバナンスと内部統制　*129*

13.3　官僚制とマイプラント意識　*129*

13.4　サプライ・チェーンの品質管理　*130*

13.5　不正の発生要因　*132*

13.6　科学的・技術的安全と社会的安心　*135*

第14章　安全文化………………………………………………………*137*

14.1　安全文化とは　*137*

14.2　安全文化の醸成　*138*

14.3　安全文化の劣化　*140*

索　　引　*143*

第1章
原子力の危険性

1.1 放射線の危険性

(1) 放射線と放射性物質

放射線には，高速で飛ぶ粒子の流れである粒子線と高いエネルギーの電磁波があります．原子核から放出されるヘリウム原子を**アルファ線**，電子を**ベータ線**，中性子を**中性子線**，陽子を**陽子線**，電磁波を**ガンマ線**といいます（図 1.1）．レントゲン写真を撮影するときに用いられる**エックス線**も電磁波ですが，電子から放出されます．放射線を出すことができる能力を**放射能**，放射能を持った物質を**放射性物質**といいます．

原子炉の中では，主にウラン 235 に中性子を衝突させて核分裂を起こしています．この際に，アルファ線，ベータ線，中性子線，ガンマ線が発生します．核分裂でできたセシウム，ヨウ素，キセノンなどを**核分裂生成物**といいます．

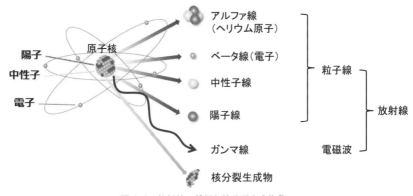

図 1.1 放射線の種類と核分裂生成物 [1]

(2) 放射線の危険性

人が放射線を浴びると，細胞死や細胞変性により嘔吐，出血，消化管障害，皮膚障害などの**確定的影響**が現れることがあります．ただし，確定的影響は，一定量以上の放射線を浴びなければ発生せず，**しきい値**があります．また，遺伝子が放射線により傷つき突然変異によるガンなどの**確率的影響**が現れることがあります．100 mGy（グレイ）未満の確率的影響は不確かさが大きいため，放射線防護の観点から，線量と確率的影響の関係にはしきい値はなく直線的に変化する（LNT: Linear Non-Threshold）とみなします．

確定的影響を引き起こす事故の例としては，エックス線発生装置の誤使用により，大量の放射線を浴び皮膚の細胞が破壊されてやけどのような症状となるものがあります．このような事故は日本でも発生しています．

【コラム】製鉄所での被ばく事故

2021 年 5 月 29 日兵庫県姫路市にある日本製鉄瀬戸内製鉄所で，鋼板表面のメッキの厚みを測定するのに使用する蛍光 X 線式付着量計（出力 50 kV × 40 mA）の点検・校正を行っていました．この装置で X 線を照射するには，装置に電力を供給し，X 線管の電圧および電流を上昇させ，照射窓のシャッターを開ける操作を行います．これらの操作は通常は装置が設置してある照射室の外にある制御盤で行います．作業員 2 名は，当初，照射室の外にある制御盤で作業を行っていましたが，校正用サンプルの測定値に異常が認められたことから，その原因を解消するため，装置に電力が供給された状態のままで照射室に入りました．2 名は，照射室に入るにあたって，照射窓のシャッターを閉じたつもりだったのですが，結果としてシャッターは閉じられておらず，作業中，装置から照射される X 線に被ばくしている状態でした．2021 年 5 月 30 日，2 名の作業員は腕や顔面に発赤（非致死的な確定影響）が出るなどの体調不良を訴え，入院治療を受け，2021 年 12 月末日までに退院しました．

この事故は，**国際原子力・放射線事象評価尺度**（INES: International Nuclear and Radiological Event Scale. 表 1.1）評価レベル 3（重大な異常事象）として，2022 年 5 月に**国際原子力機関**（IAEA: International Atomic Energy Agency）に報告されています[2]．

確率的影響については，広島および長崎の原爆被ばく者の疫学調査が行われ，被ばく者では，特定の臓器のガンが増えていることが分かっています（表 1.2）．特に，白血病については顕著で，1 Gy の放射線を被ばくした人の白血

1.1 放射線の危険性

表 1.1　INES 評価レベルとその基準及び事故例 [3)]

	INES 評価レベル	人と環境の観点からの基準	事故例
7	深刻な事故	広範囲におよぶ健康と環境への影響を伴う放射性物質の大規模な放出（計画的、広域封鎖が必要）	チェルノービリ原子力発電所事故 福島第一原子力発電所事故
6	大事故	放射性物質の相当量の放出（計画的な封鎖が必要）	
5	広範囲な影響を伴う事故	放射性物質の限定的な放出（計画的な封鎖の一部実施が必要）放射線による数名の死亡	スリーマイル島原子力発電所事故
4	局所的な影響を伴う事故	軽微な放射性物質の放出（地元で食物管理以外の対策を必要としない）放射線による少なくとも 1 名の死亡	東海村 JCO 臨界事故
3	重大な異常事象	法令による年間限度の 10 倍を超える作業者の被ばく 放射線による非致命的な確定的健康影響（例：やけど）	
2	異常事象	10mSv を超える公衆の被ばく 法令による年間限度を超える作業者の被ばく	
1	逸脱	法令限度を超える公衆の被ばく	
0	評価尺度未満	安全上重要でない	

（レベル 4〜7：事故、レベル 1〜3：事象）

表 1.2　1Gy の放射線被ばくによるがん死亡の相対リスク（1950-2003 年）[4)]

部　　　位		相対リスク
白血病		4.1 倍
すべてのがん（白血病は除く）		1.4 倍
	食道がん	1.6 倍
	胃がん	1.3 倍
	結腸がん	1.3 倍
	肺がん	1.8 倍
	乳がん	1.9 倍
	膀胱がん	2.2 倍

被爆時年齢 30 歳の人が 70 歳になった時点での男女平均の相対リスク（ただし白血病については，若年発症が多いため，被爆時年齢や到達年齢による影響の違いは考慮していない）．

表 1.3　ガンの相対リスク[5]

放射線の線量 （ミリシーベルト）	ガンの相対リスク*
1,000 ～ 2,000	1.8 （1,000 mSv 当たり 1.5 倍と推計）
500 ～ 1,000	1.4
200 ～ 500	1.19
100 ～ 200	1.08
100 未満	検出困難

＊放射線の発ガンリスクは広島・長崎の原爆による瞬間的な被ばくを分析したデータ（固形がんのみ）であり，長期にわたる被ばくの影響を観察したものではありません．
＊相対リスクとは，被ばくしていない人を 1 としたとき，被ばくした人のガンリスクが何倍になるかを表す値です．

病による死亡リスクは，被ばくしていない人の約 4 倍です．ガンの相対リスク（被ばく者のガン発生率を被ばくしていない人のガン発生率で割った値）は，放射線の線量が増えるほど，高くなります（**表 1.3**）．さらに，高線量被爆者では，ガン以外の病気（白内障，甲状腺の良性腫瘍，心臓病，脳卒中など）も増えていることが分かっています．一方，これまでの研究では，被ばく者の子供への遺伝的影響は認められていません[4), 5)]．

(3) 放射線からの防護

　放射線から人を防護するため，すなわち被ばくする放射線の線量を抑制するためには，①被ばくする**時間**を短くする，②放射線を発するものから**距離**を取る，③放射線を発するものとの間に**遮蔽材**を置くこと，が有効です（**図 1.2**）．被ばくする放射線の線量は，被ばくする時間に比例します．被ばくする時間が短ければ短いほど，線量は低くなります．被ばくする放射線の線量は，放射線を発するものからの距離の二乗に反比例します．距離が 2 倍になると，放射線の線量は 4 分の 1 になります．遮蔽材の効果は，放射線と遮蔽材の種類により異なります．セシウム 137 からのガンマ線であれば，厚さ 30 cm のコンクリートでおおよそ 10 分の 1 になります．厚さが倍の 60 cm になれば，$(1/10)^2$ =1/100 になります．一方，アルファ線は紙 1 枚で，ベータ線は厚さ数 mm のアルミ板で遮蔽することが可能です．

　放射性物質が飛散すれば，人の近くまで漂ってくるかもしれません．大気中

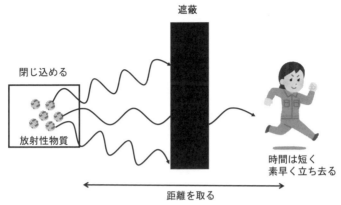

図1.2　被ばく線量低減のための基本方策

に漂う放射性物質との間に遮蔽を置くことも困難です．時間・距離・遮蔽の対策を取ることが難しくなります．したがって，放射性物質の**閉じ込め**が非常に重要となります．

　放射性物質を原子力発電所の格納容器に閉じ込めることができれば，格納容器に近づかない，格納容器にコンクリートの遮蔽材を取り付けるなどすることにより，被ばくする放射線の線量を抑制することができます．

1.2　原子力発電所の危険性

　原子力発電所の運転中には原子炉の中で核分裂反応が起こっています．核分裂生成物の運動エネルギーや放射線のエネルギーが発電に用いられます．原子炉を停止すれば核分裂反応は止まります．しかし，核分裂反応で作られた核分裂生成物（セシウム，ヨウ素，キセノンなど）は，生成直後は不安定であり，徐々にベータ線などの放射線を出しながら**崩壊**して安定になろうとします．この際に，放射線のエネルギーが熱に変換されます（**崩壊熱**）．崩壊は徐々に進むので，原子炉を停止しても，放射線と崩壊熱は発生し続けます．そのエネルギーは，停止直後では運転中のエネルギーの7％にもなります．したがって，原子炉の停止後も原子炉を冷やし続けなければ，核燃料の温度が上昇し続け，ついに核燃料が溶融し，燃料棒被覆管に閉じ込められていた気体やエアロゾル

状態の核分裂生成物が格納容器内に充満します．さらに，格納容器を冷やすことができなければ，格納容器の内圧が上昇し，ついには破損箇所から核分裂生成物が周辺に放出されます．

これまでに発生した主な原子力発電所事故を紹介します．

(1) スリーマイル島原子力発電所事故

スリーマイル島原子力発電所2号炉は，米国ペンシルバニア州に設置され，電気出力95.9万kWの加圧水型原子炉（PWR: Pressurized Water Reactor）であり，1978年12月に運転を開始しました．1979年3月28日午前4時に事故は発生しました．事故の発端は，イオン交換樹脂の移送作業中に計装系でトラブルが発生したことです．これにより，主給水ポンプが停止し，タービンが停止しました．このため，一次冷却系の圧力と温度が上昇し，設計どおり加圧器逃し弁が開きました．しかし，この逃し弁は故障により閉じなくなり，一次冷却水の流出が続きました．非常用炉心冷却装置が自動起動しましたが，運転員が判断を誤り高圧注入系ポンプを1台停止したため，一次冷却水の流出による原子炉内の水の減少が続きました．事故発生2時間20分後に運転員は加圧器逃し弁が開いていることに気づきましたが，高圧注入系ポンプを起動したのはさらに1時間後でした．この間に炉心は露出し，燃料棒の温度は上昇し，燃料棒は損傷に至り，大量の放射性物質が一次冷却系内に放出されました．また，燃料棒のジルコニウムと水が反応し大量の水素が発生しました．圧力容器内の炉心は大きく損傷したと推測されました（図1.3）[6]．

この事故による発電所の損害は甚大でしたが，大部分の放射性物質は格納容器内に閉じ込められ，外部に放出された放射性物質による健康への影響は無視できるほどであり，事故による健康への影響として最大のものは精神的ストレスであったと評価されています[7]．

(2) チェルノービリ原子力発電所事故

チェルノービリ原子力発電所は，旧ソ連白ロシア・ウクライナ低湿地と呼ばれる地区の東部，現在のウクライナのプリピャチ市に位置します．事故を起こした4号炉は，黒鉛減速軽水冷却沸騰水型炉（RBMK型炉）で，電気出力は100万kWでした．この原子炉は，定格出力の20%以下では，出力増により冷却材である水にボイド（蒸気泡）が発生すると水による中性子吸収が減少

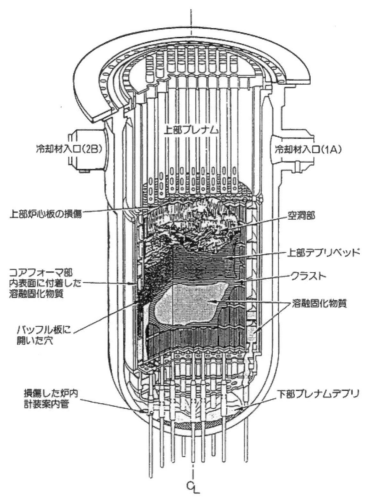

図1.3 スリーマイル島原子力発電所2号炉炉容器内最終状況[6]

し,さらに出力が増加するという性質(正の反応度フィードバック)があり,出力を一定に保つことが難しく,核暴走の危険性がありました.また,原子炉の緊急停止時に自動挿入される制御棒の挿入速度が遅い特徴がありました.これらに対しては,定格出力の約20%以下での長時間運転を禁止するとともに,全制御棒の効果が一定以上となるよう規則を定めていました.

図 1.4　事故後のチェルノービリ原子力発電所 4 号炉[8]

1986 年 4 月 25 日, 4 号炉で外部電源が喪失した場合の実験の準備が始まりました. 26 日, 運転員のミスにより全制御棒の効果が規則を大幅に下回わり緊急停止すべき状態になりましたが, 運転員はこれを無視しました. さらに実験に先立ち原子炉緊急停止信号をバイパスしていました. 実験開始後, 本来なら緊急停止するところでしたが, 信号がバイパスされているので緊急停止しませんでした. 出力が上昇し始め, 原子炉緊急停止用ボタンが押されましたが, 挿入速度が遅いため出力はさらに上昇し, 旧ソ連の解析結果によれば定格出力の 100 倍に達しました. このため, 冷却材の急激な沸騰とそれに伴う圧力管の急激な圧力上昇が起こり, その結果圧力管の破損に至り, 1 時 24 分頃, 2〜3 秒の間隔をおいて爆発が 2 回発生しました. また, 爆発により原子炉と建物構造物の一部が破壊され, 破損した黒鉛及び核燃料の一部が微粒子の状態となって, 炉外へ飛散し, 核分裂生成物が環境中に放出されました.

プリピャチ市では, 26 日夜に放射線レベルが上昇し, 27 日に約 4 万 5 千人が避難しました. さらに周辺を含め事故後数日間に約 9 万人が避難しました. 急性放射線障害と診断された被災者の数は 203 人でした. 死者総数は同年 8 月 21 日現在 31 人でした[9].

(3) 福島第一原子力発電所事故

2011 年 3 月 11 日の東北地方太平洋沖地震及び地震に伴う津波によりほぼ全電源が喪失し, 東京電力福島第一原子力発電所は**シビアアクシデント (過酷事故)** に至り, その結果, 大量の放射性物質が環境中に放出されました[10].

政府の地震調査研究推進本部が「三陸沖から房総沖にかけての地震活動の長期評価について」を 2002 年に公表し，経済産業省は耐震安全性の評価を実施するように東京電力などに指示しました．これらを受けて，東京電力は津波の評価を関連会社に委託しました．2008 年 4 月頃，東京電力は，敷地が浸水するとの試算結果を得ましたが，直ちに対策を講ずるのではなく，土木学会に長期評価についての研究を委託することとして，当面の検討を終えました[11]．

　2011 年 3 月 11 日 14 時 46 分，発電所を震度 6 の地震が襲いましたが，基本的な安全機能は維持されていました．15 時 27 分及び 35 分に巨大な津波が発電所を襲い，海側に設置されていた冷却用のポンプ類は全て機能喪失しました．さらに，非常用ディーゼル発電機，配電盤，蓄電池等の電気設備の多くは，海に近いタービン建屋などの地下階に設置されていたため，建屋の浸水により同時に水没・被水し機能を失いました．「冷やす」機能に関係する安全設備の多くは電気で作動するため，電気設備の機能喪失は，事故の進展を防止する上で致命的でした．また，安全上重要な同種の設備・機器が，津波や浸水という共通の要因により，同時に機能喪失したところに大きな問題がありました．冷却機能を失ったため，運転中であった 1・2・3 号機では炉心損傷を経て炉心が溶融するシビアアクシデント（過酷事故）に至りました．

　1992 年に通商産業省（当時）からシビアアクシデント対策を要請され，発電所には放射性物質の放出量を 1/100 程度に減少させながら格納容器を減圧

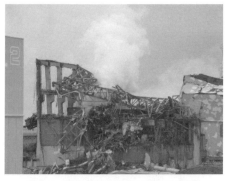

図 1.5　爆発後の 3 号機原子炉建屋の外観
撮影年月日：2011 年 3 月 15 日[12]

する耐圧強化ベントが設置されていましたが，設計及び訓練が十分でなく機能を発揮できませんでした．このため格納容器の圧力は上昇を続け，フランジなどが破損し，大量の放射性物質が大気に放出されました．

3月11日21時23分に原子力災害対策本部長（内閣総理大臣）は，発電所から半径3km圏内の居住者等に避難のための立ち退きを指示しました．その後，立ち退きの範囲は半径20kmまで拡大され，半径20km以上30km圏内は屋内退避が指示されました．2012年5月には，約16万人が福島県内外へ避難しました[13]．放射線被ばくに帰因して生じ得た急性の健康影響は報告されていません[14]．しかしながら，**震災関連死**（避難生活などにおける身体的負担による疾病による死亡）の死者数（令和5年末現在）は，発電所が立地している大熊町131人，双葉町160人，福島県全体で2,343人となっています[15]．

参照文献

1) 環境省．放射線による健康影響等に関する統一的な基礎資料（平成28年度版）．2016.
2) 厚生労働省．エックス線装置の点検作業中の被ばく事故発生状況．2024.
3) 国際原子力機関．国際原子力・放射線事象評価尺度 ユーザーマニュアル 2008年版．2009.
4) 放射線影響研究所．これまでの成果と今後の研究．（オンライン）（引用日：2024年6月24日）．https://www.rerf.or.jp/programs/roadmap/.
5) 津金昌一郎（国立がん研究センターがん予防・検診研究センター）．がんの原因とリスクの大きさ．（オンライン）（引用日：2024年8月16日）．https://www.ncc.go.jp/jp/other/shinsai/higashinihon/kokaitoronkai/20110622_slide_03.pdf.
6) 原子力安全委員会．米国原子力発電所事故調査特別委員会第3次報告書．1981.
7) 坂田貞弘，金子宏明．TMI原子力発電所の事故調査報告概要．安全工学，第19巻．1980.
8) 朝日新聞デジタル．事故直後のチェルノブイリ原発4号機（オンライン）（引用日2024年11月17日）．https://www.asahi.com/tech-science/chernobyl/photogallery/2.html
9) 原子力安全委員会．昭和61年原子力安全年報．1986.
10) 原子力安全・保安院．東京電力株式会社福島第一原子力発電所事故の技術的知見について．2012.
11) 最高裁判所第二小法廷，原状回復等請求事件．令和3（受）342, 2022.
12) 東京電力ホールディングス．写真集．（オンライン）（引用日：2024年6月25日）．https://photo.tepco.co.jp/.
13) 環境省．避難者数の推移．ふくしま復興情報ポータルサイト．（オンライン）（引用日：

参　照　文　献　　　　　　　　　*11*

2024 年 6 月 25 日）．https://www.pref.fukushima.lg.jp/site/portal/hinansya.html.

14) 原子放射線の影響に関する国連科学委員会．UNSCEAR 2020 年 /2021 年国連総会報告
書第 II 巻科学的附属書 B．2022.

15) 復興庁，消防庁．東日本大震災における震災関連死の死者数（令和 5 年 12 月 31 日現在
調査結果）．2024.

第 2 章
安全とは何か

2.1 個人にとっての安全

(1) 安全か危険かは主観的

　安全か危険かの認識は人によって様々です．「あんなに重たいものが飛ぶのは不思議だから，飛行機は危険だ」という人もいれば，「1985 年の墜落事故以降落ちていないから，あんなに安全なものはない」という人もいます．同じ飛行機に対しても，人によって安全か危険かの認識は異なっています．安全か危険かは主観的なものです．

(2) 危険を受け入れるとき

　「飛行機は危険だ」と言っている人でも，飛行機に乗ることがあると思います．「ハワイ飛行機の旅一週間無料ご招待券」に当選したら悩むでしょう．「飛行機は危険だから乗りたくない，でもハワイで一週間も遊べる.」とハワイで遊びたい気持ちが勝てば，飛行機に乗るでしょう．人は，危険と楽しさを天秤にかけて（**危険と利益の比較衡量**），楽しさが上回れば，危険を受け入れることもあります．一方，「飛行機は絶対安全でなければならない．絶対安全でなければ乗らない」と飛行機の危険性を大きく認識している人は，無料ご招待券くらいでは，飛行機に乗らないかもしれません．

　包丁は使い方を間違えれば危険です．キャベツを千切りにするとき，左手の指を伸ばして手のひらでキャベツを押さえ，右手で包丁を振り上げ乱暴に振り下ろせば左手の指を切り落としてしまいます．左手の指は丸く曲げて，指先でキャベツを押さえ，左手の指の第一関節に包丁の側面を当てて包丁を押せば指先を切ることはありません．危険に対して適切に対応（**危険の管理**）することができれば，危険を受け入れることができます．

(3) リスクとは

　危険と似た言葉でリスクがあります．**リスク**とは，被害の**重篤度**と**発生確率**（または**発生頻度**）を掛け合わせたものです．重篤度は，擦り傷，軽傷，重症，死亡などに区分されます．発生頻度は，毎日，週に一度，月に一度，年に一度，数十年に一度などです．擦り傷でも毎日発生していればリスクは高くなることがあります．死亡事故でも数十年に一度しか発生していなければリスクは低くなります．リスクも主観的なものです．重症の重篤度は軽傷の 10 倍と思う人がいるかもしれないし，100 倍と思う人がいるかもしれません．

　飛行機が墜落すれば死亡事故となり重篤度は非常に大きいですが，墜落事故の発生確率は自動車の衝突事故の発生確率より格段に低いです．そもそも，飛行機に乗るのが人生に 1 回あるかどうかという人にとっては，その人生において墜落事故にあう確率はきわめて低いものになります．重篤度は非常に大きいですが，発生確率はきわめて低いので，リスクとしては低く感じます．リスクを低く感じれば，何も対応を取りません．

　一方，玄関先の石段が急で足を滑らせて足首を痛めることがあります．たまに捻挫をします．重篤度は小さいですが，毎日使う石段なので発生頻度が非常に高くなり，リスクとしては高く感じます．リスクを低くする対策として，手摺をつけます．リスクを高く感じれば，リスクを下げる対策を取ります．

【コラム】確率と頻度

　事故がどれくらい発生しやすいかを表すときに，「確率」であったり「頻度」であったり使い分けられています．

　2023 年の日本の人口は 1 億 2,119 万 3,394 人，交通事故による死亡・重症者数は 3 万 314 人でした．日本で 1 年間に交通事故により死亡・重症となる確率は，

$$30{,}314 \text{人} \div 121{,}193{,}394 \text{人} = 0.00025 \, (0.025\%)$$

となります．多くの人（または，設備，事象，作業）のうち，死亡・重症（または事故）となった人の割合が確率です．人数を人数で割るために，単位はありません（無次元数）．非常用発電機を緊急起動する試験を行い，100 回起動を試みて，2 回失敗したとします．起動失敗確率は，2 回を 100 回で割って 0.02 となります．

　2 年ごとに 1 回故障する自動車があります．自動車が故障する頻度は，回数を期間で割った

$$1 \text{回} \div 2 \text{年} = 0.5 \text{回／年}$$

となります．ある設備（または，人，事象，作業）に着目して，一定期間に故障などが発生する回数が頻度です．回数を期間で割るので，単位の分母には必ず，時，日，月，年などが使われます．なお，「回」は省略されることもあります．10年使用した冷蔵庫が1回しか故障しなかった場合，この冷蔵庫の故障頻度は，

　1回 ÷ 10年 ＝ 0.1回／年

となります．ただし，ある設備の故障頻度を算出する場合は，多くの同種設備のデータから算出し，平均故障頻度などが使われます．

2.2　社会にとっての安全

　自動車事故で毎年2～3千人が亡くなられています．自動車の場合は，死亡事故をゼロにしようと思えばできます．自動車を一切使用してはならず歩くか台車しか使用してはならないといった法律をつくれば可能です．しかし，それでは江戸時代の生活に戻ってしまいます．それは現状の社会では受け入れられません．早く移動できる，重いものを運べるといった利益が大きいので，自動車を禁止にして昔に戻るようなことはできません．「日本で2～3千人の方が亡くなられていますがこれでいいのですか，昔に戻りますか？」「いいえ，戻りたくありません．仕方のないことです」．このようなことを意識的にか無意識にか考えて，自動車は走ってよいということになっています．これは，社会，日本全体として，自動車による危険を利益と比較して受け入れているということです．

2.3　社会規範としての安全

(1) 安全の国際的定義
　国際団体の規格などで定義されている「安全」があります．これは国際標準化機構（ISO: International Organization for Standardization）や国際電気標準会議（IEC: International Electrotechnical Commission）が出しているもので，日本産業規格（JIS: Japanese Industrial Standards）にも翻訳されています．「安全とは，現在の社会の価値観に基づいて，与えられた状況下で，受け

入れられないリスクのレベルでないこと」と定義されています[1],[2]. ここには，条件が2つ付いています. 第一の条件「現在の社会の価値観に基づいて」受け入れられないリスクのレベルを考えます. 江戸時代の価値観，明治，昭和，現在の価値観は異なります. 江戸時代は，人の命は軽く見られていたでしょうから，高いレベルのリスクを受け入れていた. すなわち，受け入れられないリスクのレベルは高くなります. 人命を重く見る現在では，受け入れられないリスクのレベルは低くなります. 第二の条件「与えられた状況下で」受け入れられないリスクのレベルを考えます. 例えば，工場で通常作業をしているような，いわゆる普通のとき，人命の危機を全く感じていないときに，事故で指を骨折すれば，報告書を作成しマニュアルの強化など対策が取られます. 受け入れられないリスクを取り除こうとします. 他方，火事や地震が起きている状況下では，受け入れられないリスクのレベルは違います. 人が倒れた柱の下敷きになっていれば，少々怪我をしても助けようとします. 受け入れられないリスクのレベルの下限が高くなります. 言い換えれば，受け入れられるリスクのレベルが高くなります.

　安全は，このような2つの条件「現在の社会の価値観に基づいて」，「与えられた状況下で」受け入れられないリスク，つまり「それは許容不可能です」というレベルではないことです. 二重否定で分かりにくいですが，国際規格ではこのような定義がされています.

　これは社会生活の中で一般的または無意識に使われている安全の考え方と同じだと思います. 絶対に安全ということはなく，ある種のリスクというものを受け入れないと社会生活は動きません. そのような価値観のもとで許容不可能なリスクのレベル，言い換えれば安全のレベルが決まっています.

(2) 司法判断における安全

　日本の原子力関係者内で有名な判例があります. 判例とは，日本の社会の法律的な解釈とも言えます. それは伊方原子力発電所の設置許可取り消し訴訟の最高裁判決です. 判決文自体は短いため，最高裁の判決に対して解説が出ます. 実際に裁判を担当した人が解説している文書です. 要約すると，以下のとおりです.

「一般に，科学技術の分野においては，絶対的に災害発生の危険がないといった絶対的な安全性というものは達成することも要求することもできない．原子力発電所の安全性を「（絶対的）安全」か「非安全」のどちらかだということは必ずしも適当ではない．これは，ほかの機械でも同様である．危険性が社会通念上容認できる水準以下である，又は危険性の相当程度を人間によって管理できると考えられる場合には，危険性と利益を比較して，安全なものとして利用している．」

危険性が社会として容認できる水準以下である場合，または危険性の相当程度を人間によって管理できるという場合には，危険性と利益と天秤にかけて，これは一応安全なものであるとして利用します．このような**相対的安全性**の考え方が従来から一般的であるということが書いてあります．

伊方原子力発電所の設置許可の取り消しを求めた訴訟の最高裁判決の解説（抜粋）（最高裁判所判例解説民事篇（平成4年度），法曹会，417-418）

　一般に，科学技術の分野においては，絶対的に災害発生の危険がないといった「絶対的な安全性」というものは，達成することも要求することもできないものといわれており，この問題を，「安全」，「非安全」のいずれかであると捉えることは必ずしも適当ではないように思われる．このことは，科学技術を利用した各種の機械，装置等における「安全性」とは何かという問題にかかわるが，科学技術を利用した各種の機械，装置等は，絶対に安全というものではなく，常に何らかの程度の事故発生等の危険性を伴っているものであるが，その危険性が社会通念上容認できる水準以下であると考えられる場合に，又はその危険性の相当程度が人間によって管理できると考えられる場合に，その危険性の程度と科学技術の利用により得られる利益の大きさとの比較衡量の上で，これを一応安全なものであるとして利用しているのであり，このような相対的安全性の考え方が従来から行われてきた安全性についての一般的な考え方であるといってよいものと思われる．

2.4　社会的安全と個人的安全の違い

社会通念上容認されるかということの例として，よく自動車を例にとって説明がなされます．自動車の利用は，私たちの日常生活や経済活動において重要

2.4 社会的安全と個人的安全の違い

な役割を果たしています．例えば，トラックを用いて物資を運搬する場合，新潟から東京まで鮮魚を運ぶといったケースが考えられます．また，個人がドライブを楽しむことや，日常的に自動車を利用することも含まれます．これらの活動から得られる利益は非常に大きく，社会全体に広く恩恵をもたらしています．

その一方で，交通事故によって亡くなられる方がいるのも事実です．交通事故は避け難いリスクであるため，自動車の運行には厳しい規制や管理が設けられています．これにより，事故の発生をできるだけ防ぎ，そのリスクを最小限に抑える努力がなされています．

社会として，このような自動車利用に伴うリスクと利益の比較衡量が行われています．この比較の結果，リスクが完全に排除されることはないものの，適切に管理されたリスクのもとで自動車を利用することが社会通念上容認されているのです．これは，相対的な安全性の考え方に基づいており，利益がリスクを上回ると判断される範囲内で，自動車の利用が正当化されていると言えます．

原子力もこれと一緒で，絶対安全というものは理論上あり得ず，実際にもあり得ません．そのため，規制上で要求することもありません．ある程度は人間が管理できるようになっていて，社会通念上容認できる水準以下まで非常にリスクが小さくなって，加えて，電気を安定的に作るといった利益の大きさと比較衡量をして，相対的に考えて原子力発電所を利用してよいと思っているわけです．

国際的に決められている安全や，判例で用いられている安全は社会的評価です．図 2.1 は，キャロット図と言われます．中央に刺さっているニンジンのようなものはリスクの大きさを表しています．絶対安全というものが一番下です（図中破線 a）．ある程度の軽微な事故や，怪我はするが亡くなるような事故はめったに発生しない状態は，**広く受け入れ可能なリスク**になります（図中①）．この程度であれば仕方がない，良いでしょうと考えられるなら**許容可能なリスク**になります（図中②）．社会としては，広く受け入れ可能なリスクと許容可能なリスクを含めて安全という評価をしています．あまりに頻繁に死亡事故が起こっていれば**耐えられないリスク**となります．

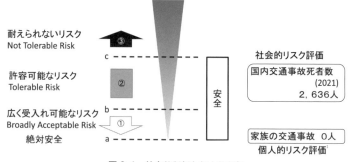

図 2.1　社会的評価と個人的評価

　交通事故の場合であれば，社会的なリスク評価としては，年間 2〜3 千人が亡くなることを許容しています．日本社会が現在の生活レベルを維持するためには，仕方がないと考えています．

　しかし，これを個人で考えた場合はどうかというと，全く異なります．「お子さんが交通事故で亡くなることは許容可能ですか」と聞かれて，許容可能と言う人はいないと思います．もし，お子さんを交通事故で亡くされた方がおられたら例題に用いることをお詫びします．リスク評価をすると，家族の交通事故による死亡のリスクはゼロではありません．しかし，家族の 1 人が交通事故で亡くなってしまうことは許容できません．家族の死亡事故リスクはゼロでなければならないと考えます．

　社会的リスク評価と個人的リスク評価は全く別のものです．様々な人が原子力について語るときに，社会的リスク評価で説明をしようとしますが，受け手は個人的に考えており日本全体ではどうかといったことは考えていません．このため，議論が噛み合わないことがよく起こります．

　原子力だけではなく，様々な分野での裁判でも同様なことが起こります．日本全体としては利益を考慮して受け入れないといけないが，個人としては受け入れられないので裁判を起こすということは，よくあるパターンです．

　社会的リスク評価と個人的リスク評価は全く異なるということを常に意識している必要があります．そのうえで，それぞれの立場を尊重しながら，情報共有と対話を通じて折り合いを付けていく道を探ることが重要です．

2.5 安 全 目 標

　社会や国といった規制する側としては，「どこまでが許容可能なリスクなのですか」という問いに答えなければなりません．先ほどのキャロット図でいうと許容可能なリスクの一番上辺り（図中破線 c）は，どの程度のリスクなのかを決めなければいけません．しかし，これは非常に難しい問題です．ここをしっかりと議論しようということで，取り入れられたものが**安全目標**です．昔の原子力安全委員会では，規制として，どの程度の発生確率の低いリスクまで管理を求めるのかを定量的に明らかにしようとしました．このときの議論は，定性的には原子力発電所によって健康リスクを有意に増加させないということを安全目標にしました．定量的には，急性死亡リスクも，ガンによる死亡リスクも年あたり百万分の 1 を超えないということを目標に決めました[3]．

　福島第一原子力発電所事故の後に，実際に住んでいたところの環境が汚染されて避難後に戻ってこられなくなったということが起こりました．このため，原子力規制委員会では，環境への影響をできるだけ小さくとどめよう，すなわち，粒子状の放射性物質の放出量を少なくしようという考えに至りました．定量的には，事故時のセシウム 137 の放出量が 100 TBq（テラベクレル＝ 10^{12} ベクレル，福島第一原子力発電所事故時の放出量の概ね 100 分の 1）を超えるような事故の発生頻度は，100 万炉年（一つの原子炉を 100 万年運転する期間）に 1 回程度を超えないことを目標にしました[4]．

原子力安全委員会での安全目標に関する調査審議状況の中間とりまとめ（抜粋）[3]

　(1) 定性的目標案
　原子力利用活動に伴って放射線の放射や放射性物質の放散により公衆の健康被害が発生する可能性は，公衆の日常生活に伴う健康リスクを有意に増加させない水準に抑制されるべきである．
　(2) 定量的目標案
　原子力施設の事故に起因する放射線被ばくによる，施設の敷地境界付近の公衆の個人平均急性死亡リスクは，年あたり百万分の 1 を超えないように抑制されるべきである．
　また，原子力施設の事故に起因する放射線被ばくによって生じ得るがんによる，施設

からある範囲にある公衆の個人の平均死亡リスクは，年あたり百万分の1を超えないように抑制されるべきである．

原子力規制委員会での安全目標に関する合意事項（抜粋）[4]

①平成18年までに旧原子力安全委員会安全目標専門部会において詳細な検討がおこなわれており（※），この検討結果は原子力規制委員会が安全目標を議論する上で十分に議論の基礎となるものと考えられること．
　※安全目標に関する調査審議状況の中間とりまとめ（平成15年12月）
　　発電用軽水型原子炉施設の性能目標について‐安全目標案に対応する性能目標について‐（平成18年3月28日）
②ただし，東京電力福島第一原子力発電所事故を踏まえ，放射性物質による環境への汚染の視点も安全目標の中に取り込み，万一の事故の場合でも環境への影響をできるだけ小さくとどめる必要がある．
　具体的には，世界各国の例も参考に，発電用原子炉については，
　　・事故時のCs137の放出量が100TBqを超えるような事故の発生頻度は，100万炉年に1回程度を超えないように抑制されるべきである（テロ等によるものを除く）
ことを，追加するべきであること．

　安全目標はこれまで，「規制としてどこまで行うか」ということで議論されていました．しかし，本来であれば「規制はここまで行いますから，国民の皆さんはそれで良いですね．規制に用いるのだから，産業界や電力会社は当然それを目指しますね」ということを共有されることが望まれます．住民・国民，産業界，規制側の3者で共有できた安全目標であれば「安全目標まで頑張りましょう」ということになり，住民・国民の方も納得するはずなのですが，実際はそのようにはなっていません．また，規制する側はこれまで健康リスクや環境への影響を考えていましたが，住民・国民にとっては日常生活への影響も大きな問題となります．「短期的な避難はしたくない」「なぜ原子力発電所のせいで私たちが避難しないといけないのか」という意見もありますし，実際に福島第一原子力発電所事故後に漁業は何年間かできませんでした．さらに，風評被害というものもあります．したがって，日常生活への影響もできるだけ小さくとどめる必要があるのではないかと考えます．

　安全目標は，住民・国民，産業界，規制側で共有できる目標が望まれます．

最初の話に戻りますが，安全とは，社会的なものであって，現在の社会の価値観に基づいて与えられた状況下で，許容できないものではないものです．では，価値観の問題というものを規制側が決めていいのかという疑問が起こります．法律上は，一応問題ないことになっています．選挙で選ばれた国会議員が集まって国会で法律をつくり，その法律には「原子力規制委員会の定める基準」と書いています．したがって，手続き的には，政治家ではなく技術の専門家である原子力規制委員会で決めるとなっていて，実際にそのようにしているわけですが，なかなか難しい問題ではあります．本来であれば，このような価値観の問題は政治家に決めてほしいのですが，なかなか決めてくれないので，専門家で決めるということになっています．

2.6 原子炉等規制法での安全

原子力発電所を規制する核原料物質，核燃料物質及び原子炉の規制に関する法律（以下「原子炉等規制法」と略します）の目的には，「重大な事故が生じた場合に放射性物質が異常な水準で当該原子力施設を設置する工場又は事業所の外へ放出されることその他の（略）原子炉による災害を防止し，（略）公共の安全を図るために，（略）原子炉の設置及び運転等に関し，大規模な自然災害及びテロリズムその他の犯罪行為の発生も想定した必要な規制を行う」と書かれています．福島第一原子力発電所事故が大規模な津波により起こり，大量に放出された放射性物質により周辺が汚染された教訓を踏まえて，大規模な自然災害を想定すること，放射性物質が異常な水準で放出されることを防止することが事故後の法改正で追加されました．

どのような原子力発電所であれば建設して良いかは，許可の基準として定められています．許可の基準には，平和の目的，経理的基礎，技術的能力，位置，構造及び設備が災害の防止上支障がないもの，事故対処の体制などがあります．原子炉等規制法には具体的な基準は書かれていません．具体的基準は，原子力規制委員会規則で定めることになっています．その基準の背景となる原子力安全の基本について，次章以降で説明します．

核原料物質，核燃料物質及び原子炉の規制に関する法律（抜粋）

（目的）

第一条　この法律は，原子力基本法（昭和三十年法律第百八十六号）の精神にのっとり，核原料物質，核燃料物質及び原子炉の利用が平和の目的に限られることを確保するとともに，原子力施設において重大な事故が生じた場合に放射性物質が異常な水準で当該原子力施設を設置する工場又は事業所の外へ放出されることその他の核原料物質，核燃料物質及び原子炉による災害を防止し，及び核燃料物質を防護して，公共の安全を図るために，製錬，加工，貯蔵，再処理及び廃棄の事業並びに原子炉の設置及び運転等に関し，大規模な自然災害及びテロリズムその他の犯罪行為の発生も想定した必要な規制を行うほか，原子力の研究，開発及び利用に関する条約その他の国際約束を実施するために，国際規制物資の使用等に関する必要な規制を行い，もつて国民の生命，健康及び財産の保護，環境の保全並びに我が国の安全保障に資することを目的とする．

（許可の基準）

第四十三条の三の六　原子力規制委員会は，前条第一項の許可の申請があつた場合においては，その申請が次の各号のいずれにも適合していると認めるときでなければ，同項の許可をしてはならない．

一　発電用原子炉が平和の目的以外に利用されるおそれがないこと．

二　その者に発電用原子炉を設置するために必要な技術的能力及び経理的基礎があること．

三　その者に重大事故（発電用原子炉の炉心の著しい損傷その他の原子力規制委員会規則で定める重大な事故をいう．第四十三条の三の二十二第一項及び第四十三条の三の二十九第二項第二号において同じ．）の発生及び拡大の防止に必要な措置を実施するために必要な技術的能力その他の発電用原子炉の運転を適確に遂行するに足りる技術的能力があること．

四　発電用原子炉施設の位置，構造及び設備が核燃料物質若しくは核燃料物質によつて汚染された物又は発電用原子炉による災害の防止上支障がないものとして原子力規制委員会規則で定める基準に適合するものであること．

五　前条第二項第十一号の体制が原子力規制委員会規則で定める基準に適合するものであること．

参照文献

1) International Organization for Standardization/International Electrotechnical Commission. Guide 51: 2014 Safety aspects: Guidelines for their inclusion in standards. 2014.
2) 経済産業大臣．安全側面－規格への導入指針．日本産業規格 JIS Z 8051：2015.

参 照 文 献

3) 原子力安全委員会安全目標専門部会. 安全目標に関する調査審議状況の中間とりまとめ. 2003 年 12 月.

4) 原子力規制庁. 安全目標に関し前回委員会（平成 25 年 4 月 3 日）までに議論された主な事項. 平成 25 年度第 2 回原子力規制委員会資料 5. 2013 年 4 月 10 日.

第3章
安全対策の基本：深層防護の考え方

3.1 深層防護の歴史

　安全対策の基本的考え方である**深層防護**は，英語でDefense-in-Depthといいます．これはもともとヨーロッパにおける軍事戦略の一つで，そこから発展してきたものです．深層防護の考え方は原子力の世界だけではなく，一般産業でも**多重防護**や**冗長システム**という形で広く用いられています．

　深層防護の考え方は軍事戦略の一つなので，昔のヨーロッパに戻って説明をします．例えば，川の西側に王様がいます（図3.1）．川を隔てて東側にほかの国がありますが，ヨーロッパは日本と違って地続きなので，いつ攻めてこられるかわかりません．そこで，どうするかを考えるわけです．最初に考えることは政略結婚です．娘を差し出して，隣の国の王子と結婚をさせます．これで親戚関係になって，攻めてこないようにお互いに人質を差し出すという形です．それでも人質を人質とも思わないということもあるかもしれません．もう

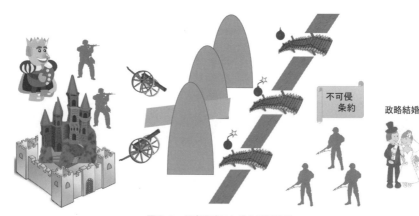

図3.1　軍事戦略における深層防護

少しフォーマルな形にしようということで，政略結婚の失敗に備えて不可侵条約をしっかりと結ぶことをします．お互いに攻め込まないように条約を結んでおくことで，政略結婚に失敗しても長く関係を続けられるようにします．しかし，条約とはいえ，しょせんは紙の上の約束ですから，相手国がその条約を破棄して攻め込んでくるかもしれません．そのようなことが起きても大丈夫なように，普段は川に橋が架かっていて行き来ができますが，何かのときにはいつでも爆破できるようにして，川を渡れないようにするわけです．全ての橋にダイナマイトが置かれていますが，ある橋では爆発に失敗することがあるかもしれません．そうなれば，その橋を敵が渡ってくるかもしれません．それに備えて，山の間を細い道が通っていることはよくありますから，その道で迎撃することを考えます．ヨーロッパを旅行していると，真っすぐな高速道路もありますが，山あいの道の横に戦車用のバンカーが今でも並んでいます．敵がそこを通り抜けたとしても，城の周りには近衛兵や精鋭部隊がいます．それらも突破されたとしても，ヨーロッパの城は城壁が何重にもなっていて，なかなか王様のところまで辿り着けません．この考え方は，時間を買う，Buy Time という考え方です．最終的には，王様は秘密の通路を通って，城から離れた場所にあ

萬世御江戸繪圖　文久2年(1862)

皇居付近の上空写真(1979)

図 3.2　江戸城の深層防護
左図：国立国会図書館，右図：国土地理院

る脱出口を通って逃げる手段が用意されています．これが失敗したら次があるというように何段もの防護壁によって敵の侵攻を防ぎ，時間を稼ぎます．最終的にどうしようもなくなっても，逃げられるようにしておくという考え方です．これがヨーロッパの軍事戦略の一つの深層防護の考え方になります．

これはヨーロッパに限ったことではなく，日本の戦国時代も同様です．政略結婚もあれば，何か文書を交わすということもあります．江戸城も，内堀，外堀，その外には川があります．何重にも川や堀があって，1つを越えても次があるというような形で守られています（図3.2）．

3.2 深層防護の基本構造

現在の機械や設備，工場で深層防護の層構造はどうなっているでしょうか．図3.3は下から上へ事故の進展を見るようになっています．

普通は**通常運転**をしています．事故の発生を防止するようにしていますが，事故が起こってしまった場合，**事故の影響緩和**をします．これは基本の2層構造です．

もう少し安全性を高めるため，通常運転中に異常や故障にならないよう，**通常状態からの逸脱の防止**が追加されます．逸脱し異常や故障になってしまったとしても，運転を停止するなど**事故への拡大防止**をします．それでも事故が起

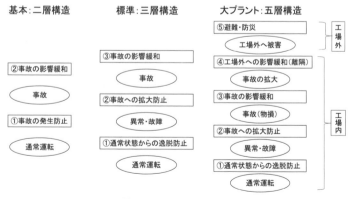

図3.3 深層防護の層構造

きてしまったら，事故の影響を緩和するという三層構造が標準です．

　石油コンビナートや原子力発電所のような大規模なプラントになると五層構造になっています．通常状態から逸脱しないようにした上で，異常や故障が発生しても**事故**にならないようにします．事故が起こったとしても物損で終わるようにするというのが，影響緩和です．しかし，人身事故や延焼が起き，**事故の拡大**が起こるかもしれません．工場の敷地外へ被害が及ばないように，住宅地とプラントの間は緑地帯や道路により**離隔**がとられています．それでも住宅地など**工場外へ被害**が及びそうな場合は，**工場外での避難・防災**が必要です．

　もう少し具体例を説明します．家庭で天ぷらを揚げているときに火災になることがあります．消防署は，天ぷら油の温度が上がり過ぎて火災にならないよう，しっかりと目を離さないようにと指導しています．これは事故（火災）の発生防止です．目を離さないように気を付けていても，急にトイレに行きたくなり，目を離してしまうと，その間に温度が上がって天ぷら油に火が付いてしまい，火災という事故が発生しています．燃え広がるのを防ぐため消火器で消火します．これが影響緩和です．壁が若干黒くなるなどがあるかもしれませんが，家は燃えないということです．これが基本の**二層構造**です（図 3.4）．

　最近のガスコンロは安全性能が高く，自動温度調節機能が付いています．天ぷら油の温度が 170 度ぐらいに上がると火が弱まるか，消えるようになっています．通常状態から逸脱しないようになっています．しかし，自動温度調節の機械が故障することがあるかもしれません．故障すると少しずつ温度が上昇し

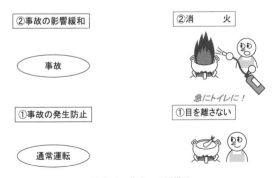

図 3.4　基本：二層構造

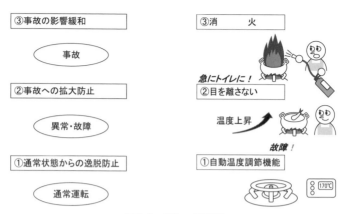

図 3.5　標準：三層構造

ますが，人がいて，火災にならないように火から目を離さないことで事故への拡大を防止しています．運悪く機械の故障のタイミングと，急にトイレに行きたくなり目を離したタイミングが重なると，その間に油の温度が上がって火が付き火災（事故）になります．火災になれば消火器で火を消して火災の影響を緩和します．これは広く適用されており標準とも言える**三層構造**です（図3.5）．

　大規模なプラント，例えば，化学プラントでは高温，高圧の様々な工程があります．このような大規模なプラントでは自動温度調節機能は当然付いています．温度が少し上がれば加熱が弱まり，温度が少し下がれば加熱が強まり，温度変化を一定の幅に収めます．通常状態から逸脱しないようにしています．しかし，自動温度調節機能が故障してしまうと温度が上昇を続けます．この際には，温度検知・自動停止機能があって，操業停止になります．事故への拡大を防止しています．温度検知・自動停止機能が故障して，温度がだんだんと上がって暴走し，火災になったとします．火災を検知して消火するというのが，影響緩和です．しかし，消火に失敗し延焼すると，従業員も負傷し，大量の煙が発生します．対策として，コンビナート災害防止法によりコンビナートの周辺には防火帯や緩衝帯が設けられ，コンビナートの周りは非常に広い道路があり，工場外への影響を緩和するため離隔を取っています．しかし，風向き次第で煙が次々と住宅地に流れていくこともあります．この場合は，自治体の誘導

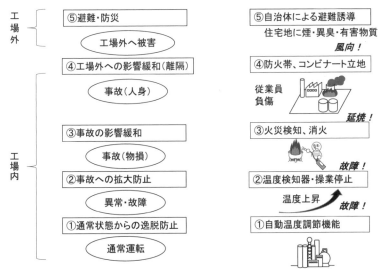

図 3.6　大規模プラント：五層構造

によって避難することになります．このようなケースは日本国内の化学コンビナートなどでも起こり，住民が避難することもあります．このように大規模なプラントでは深層防護は**五層構造**になっていて，第五層は避難・防災になっています（図 3.6）．

3.3　設計基準事象・設計基準事故

(1) 設計基準事象と事故発生防止策

「不測の事態や想定外に備えよ」と言う人がいますが，不測の事態に備えられるはずがありません．対処するためには事前にどのような事象が発生するのかを想定し，対策を設計しなければなりません．**設計基準事象**とは，過去の経験，過去に起こったこと，合理的な想定から設計として考慮すべき事象です．これらは，しっかりと設計に取り込みます．設計基準事象が発生しても，すぐに通常状態に戻るか，軽微な補修で通常状態に戻るように事前の対策を取ることは**事故発生防止策**になります．深層防護の考え方では，設計基準事象は異常・故障に，事故発生防止策は事故への拡大防止に相当します．

例えば，漏電や短絡による電気火災は頻繁に起こっています．漏電や短絡は発生するものとして当然設計に考慮します．漏電や短絡は設計基準事象です．漏電や短絡だけでは，まだ火災になっていないので，事故ではありません．火災の発生防止策として漏電遮断器やブレーカーを設置します．

家を新築する場合，買った土地の地域では震度7の地震は発生していなくても，日本では1995年の阪神・淡路大震災，2011年の東日本大震災など何度か発生しています．建築基準法では，1981年以降，きわめて希に発生する地震として震度7の地震を設計に考慮し，家が倒壊しないよう頑丈な新居を設計・建設することを求めています．ここで震度7の地震が設計基準事象です．家が倒壊することが事故です．頑丈な設計が事故発生防止策となります．

設計基準事象とは，昔に起こったから，設計上しっかりと考えておくという事象です．さらに，ここで起きていなくても，ほかでは起こっているので，設計として考慮しておく事象です．仮にそのような事象が起こっても問題のないように，または軽微な修理で済むようにしておくというのが，事故発生防止策になります．

なお，地震・津波・竜巻のようにプラントの外からの事象を「**外部事象**」，漏電・短絡・人為ミスのようにプラントの中で発生する事象を「**内部事象**」といいます．

(2) 設計基準事故と事故影響緩和策

事故発生防止策を取っていても，事故は発生することがあります．過去の経験，過去の事故と合理的な想定から設計として考慮すべき事故を，**設計基準事故**といいます．過去に起こったことは当然想定し，さらにもう少し重大なことが起こるかもしれないと想定する事故が設計基準事故です．事故は起こってしまっているので，その影響を緩和する，すなわち甚大な被害とならないように**事故影響緩和策**を取ります．事故は発生するかもしれませんが，事故の影響を緩和する安全設備によって大規模な被害とならないようにするということです．

火災の場合では，漏電防止対策として漏電遮断器を設置したとしても，これまでに漏電火災は起きているので，火災発生を設計基準事故として設計に考慮します．事故影響緩和策としてスプリンクラーを設置します．壁は若干焦げる

かもしれませんが，延焼しないようにします．地震の場合では，自分が住んでいる地域では家の倒壊が発生していなくても，日本の他の地域では多く起こっています．倒壊の影響緩和として，居住時間が長い寝室とリビングは強固な鉄骨フレームとします．家は傾くかもしれませんが，重症を負わないように設計するという考え方です．

(3) 設計基準超

物を造る以上は，設計に考慮する事象や事故を想定しないといけません．どこまで考えるかというと，過去の経験や合理的な想定で考えないといけない事故が設計基準事故となります．一定の範囲で想定していることから，実際の事故では，設計基準事故を超えてしまうことはあります．設計基準事象や設計基準事故を青天井にすると，例えば家の耐震を考える場合，非常に大きくて頑丈な，コンクリートが厚くなって住むところがない家になってしまいます．設計基準というものは設計において考慮する基準であり，それを超える場合があることは否定できません．コストやものとして機能するのかということを考えると，設計基準をあまり過大にすることはできません．では，設計基準の設定レベルを超えたとき（**設計基準超**）は，どうすればよいのでしょうか．

例えば，**減災**です．もし，防潮堤を超えるような津波が来たとき，家は流されても，高台への避難路を造る，津波タワーを造るなどにより人の命は守るという考え方です．これは，家や機械は壊れても人の命だけは守るという考え方です．いろいろと準備はして，少しでも影響を小さくとどめるため，できる限りのことをしておくということになります．もう一つは，**復旧**です．設計基準を超える雨量による洪水で堤防が決壊したときに備えて，速やかに堤防を復旧できるように，重機や人手を速やかに調達できるように体制を整えておきます．できるだけ速やかに復旧できるように準備をしておきます．さらに，**保険**です．震度7に耐えられる家ですが念のため地震保険を掛けます．震度7強が発生し家が半壊してしまった場合は保険金で家を修復します．

3.4 層間の独立性

深層防護において重要なことは，層間の独立性です．何層にも対策が取られ

第3章 安全対策の基本：深層防護の考え方

図 3.7 層間の独立性（各層で最善を尽くす）

ていますが，**前段否定**，すなわち前の層が万全でも失敗するとして対策を取ることです．**後段否定**，後ろの層は万全であっても，それに頼ってはいけません．

野球で例えるなら，セカンドの人の気持ちです．ピッチャーは剛速球を投げます．打たれるわけがないので打球は来ないと考えます．しかし，たまに飛んでくるので，ピッチャーに頼ってはいけません．球が飛んで来ました．ただ，強肩のライトがカバーして，ファーストでアウトにしてくれるだろう，ライトに任せようと考えます．これも駄目です．ピッチャーも最善を尽くして投げていますし，ライトも最善を尽くして頑張っています．とはいえ，セカンドが手を抜いてはいけません．セカンドはセカンド，ピッチャーにもライトにも頼らず，最善を尽くして，球を取ってファーストに投げるようにしないといけません．各層で全力を尽くすということです（図 3.7）．

日本では，事故発生防止に多額の費用をかけて対策を取ることがよくあります．そして，事故発生防止策は万全なので事故は起こらないと考えてはいないでしょうか．しかし，絶対に事故は起こらないということはありません．事故が起こったときにどうなるのでしょうか．

例えば，日本の列車は運行管理技術が高く，10秒刻みで運行されます．前の列車と衝突することなどないと考えてしまってはいないでしょうか．自動列車停止装置（ATS）などは日本でも海外でも導入されています．事故発生防止策は同じです．日本は省エネのために車両を軽量化しているので，一度事故が起こると車両が大破します．図 3.8 は 2000 年の地下鉄日比谷線事故です．

　　　　日比谷線事故　　　　　　　　正面衝突実験
図 3.8　列車事故[3), 4)]
左図：国土交通省，右図：米国運輸省連邦鉄道局

　遠心力で電車が外に膨らんで脱線し対向する電車との衝突により車両が大破しました．ヨーロッパやアメリカの列車は見た目が武骨な印象です．正面衝突実験を行って強度を確認し，事故が起きても車体で乗客を守ろうとしています．欧州の耐衝突強度要求に関する規格 EN 15227 では，車両同士の衝突において所定生存空間の確保や衝突時の減速度制限が求められています[1)]．アメリカでも，あるカテゴリでは先頭車両に客席を設けてはならないとされています[2)]．
　事故発生防止に重きを置いても良いですが，事故発生防止策が失敗することも，対策の想定を超えることも起き得るので，事故が発生したときの影響緩和策を忘れずにしっかりと行う必要があります．

3.5　後段の層ほど想定を幅広く

　通常状態からの逸脱を防止する第1層では，様々な細かい想定をして，それぞれに対して対策を取っています．しかし，第1層での対策が失敗してすり抜けてくる可能性や，第1層では想定外のミスなどが起きる可能性があります．これらをカバーする第2層というものは，第1層より広い守備範囲にする必要があり，その後段では，さらに広い守備範囲にする必要があります（図3.9）．
　例えば，禁煙の倉庫での火災対策を，基本の二層構造で考えてみます（図3.10）．火災発生防止では，火災の原因を一つずつ同定します．漏電や雷サー

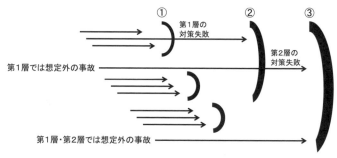

図 3.9　後段の層ほど幅広くする概念図

図 3.10　禁煙の倉庫での火災対策

ジ，モーターの過熱，揮発油，それらに対して各々，配線を交換する，避雷針を置く，モーターには温度計を置く，揮発油の持ち込み禁止，様々な細かい対策を取ります．次の層の火災影響緩和策では，原因によらず，とにかく火が付いたら消します．消火器には対応できる火災に応じて3種類のタイプがありますが，全ての火災に対応できるものもあります．漏電火災用に電気（C）火災対応型消火器や，揮発油火災対応用に油（B）火災対応型消火器というように細かく分けて設置するのではなく，全ての火災に対応できるABC消火器を置きます．そうしておけば，想定外のたばこのポイ捨てで段ボールが燃える普通（A）火災が起きても，火災は火災なので，原因によらず，どのような火でも消せます．

参照文献

1) 佐々木隆ほか.「より速く」を実現する高速車両の開発. 2016年5月，川崎重工技報,

参　照　文　献

pp. 14-17.

2) 田口真，吉川孝男．列車編成同士の衝突を考慮した耐衝突構造の研究（列車編成の車両間におけるエネルギー吸収特性について）．2013年12月，日本機械学会論文集（A編），第79巻，pp. 1741-1751. 2013.

3) 国土交通省事故調査検討会．帝都高速度交通営団 日比谷線中目黒駅構内 列車脱線衝突事故に関する調査報告書．2000.

4) The Federal Railroad Administration of the Department of Transportation, United States, Train-To-Train Passenger Car Crash Test. 2013.

第4章
原子力発電所の深層防護

4.1 原子力発電所の危険とは

　前章では，一般的な深層防護の考え方を説明しました．この章では，原子力発電所の深層防護について説明します．まず，原子力発電所の危険とは何か，最もあってはならないことは何かを考えます．それは，周辺住民の過度の放射線被ばくです．

　では，原子力発電所は安全対策をせずに，周辺住民が放射線に被ばくしないように避難訓練だけをしていればよいのかというと，そうではありません．その一歩手前で止めたい，避難をしなくていいように，放射線被ばくの原因である放射性物質を原子力発電所に閉じ込めて周辺に飛ばないようにしてくださいということです．放射性物質を閉じ込める，その一歩手前で止めるには，放射性物質が動かないように形状を保つ，すなわち核燃料を溶かさないようにする．その一歩手前で止めるには，事故を起こさないようにする，さらに，異常やミスを起こさないようにする必要があります（図4.1）．

　第3章での深層防護の考え方では，通常運転から異常やミスは起こさない，

最もあってはならないことは何？	周辺住民の過度の放射線被ばく
被ばくしないためには？	避難
その一歩手前で止めたい	放射性物質を閉じ込める
その一歩手前で止めたい	核燃料を溶かさない
その一歩手前で止めたい	事故を起こさない
その一歩手前で止めたい	異常やミスを起こさない

図4.1　周辺住民の過度の放射線被ばくを避けるためにすべきこと

異常が発生しても事故への拡大を防止するというように図4.1では下から上に考えていました．一方，住民への影響を考えると上から下へ考えることになります．どちらにしても，やるべきこと（図4.1の右側）は同じです．設備を設計する立場の人はどうしても図4.1の下のほうの対策に目が行きがちになり，住民に近い地方自治体は上のほうの対策に目が行きがちになりますが，全体をバランス良く見ることが必要です．

【コラム】異常の発生防止に拘り過ぎた福島第一原子力発電所

　原子力発電所の設計や運営をする人は，深層防護における異常や事故の発生防止に力を入れる傾向があって，事故発生後の対策には力が入らないといった傾向が昔からあります．この傾向が，東京電力福島第一原子力発電所事故を甚大な事故に拡大させてしまった原因の一つと考えます．

　東京電力は，国の報告書「三陸沖から房総沖にかけての地震活動の長期評価について」を踏まえた試算で津波が発電所敷地を浸水させる可能性があると分かったとき，津波すなわち異常が発生するかしないかの検討から始め，時間をかけすぎました．逆に図4.1の上の方の観点，放射性物質を閉じ込めるという観点から検討を始めていれば，放射性物質の放出量を百分の1には減らせる既設の耐圧強化ベントの使用訓練と若干の手直しを短期間で多額の費用もかけずに実施可能でした．おそらく帰還困難区域を設定する必要はなかったでしょう．実際には耐圧強化ベントを有効に利用できず，大量の放射性物質を飛散させ広大な帰還困難区域が残りました．

4.2　IAEAの深層防護の考え方

　IAEAによる原子力発電所の深層防護の概要をまとめたのが表4.1です[1]．第Ⅰ層では，**通常運転**（NO：Normal Operation）をしています．通常運転状態からの逸脱を防止するため，様々な品質管理などを行っています．それでも，第Ⅱ層では，少し通常運転状態から逸脱したと想定します．これを**運転時の異常な過渡変化**（AOO：Anticipated Operational Occurrence）といいます．少し異常なレベルに達してしまったということです．これを検知，管理して，元に戻していくというような仕組みを整えます．第Ⅲ層では，異常なレベルを超えてしまった，配管が破断するといった**設計基準事故**（DBA：Design Basis Accident），設計としてここまでは考えるべきという事故が起こっ

表4.1 IAEA による深層防護の考え方（概要）[1]

	想定	目的	手段
V	放射性物資の大量放出 Large Release（LR）	放射性物質の放出による影響を緩和	十分な装備を備えた緊急時対応施設，所内と所外の緊急事態の対応に関する緊急時計画と緊急時手順
IV	重大事故 Severe Accident（SA）	a）時間的にも適用範囲においても限られた防護措置のみで対処可能 b）敷地外の汚染を回避又は最小化 c）早期又は大量の放射性物質の放出を引き起こす事故シーケンスを実質的に排除	事故の拡大を防止し，重大事故の影響を緩和すること
III	設計基準事故 Design Basis Accident（DBA）	事故を超える状態に拡大することを防止するとともに発電所を安全な状態に戻す	固有の安全性及び工学的な安全の仕組み
II	運転時の異常な過渡変化 Anticipated Operational Occurrence（AOO）	事故状態に拡大することを防止するために，通常運転状態からの逸脱を検知し，管理	設計で特定の系統と仕組みを備えること，それらの有効性を安全解析により確認すること，さらに運転期間中に予期される事象を発生させる起因事象を防止するか，さもなければその影響を最小に留める
I	通常運転 Normal Operation（NO）	通常運転状態からの逸脱と安全上重要な機器等の故障を防止	品質管理及び適切で実証された工学的手法に従って，発電所が健全でかつ保守的に立地，設計，建設，保守及び運転

た場合でも，安全な状態に戻すように，工学的な仕組みによる設備を置くということです．第IV層では，それも超えて，炉心が溶けてしまったような**重大事故**（SA: Severe Accident）が起きたと想定します．重大事故の影響を緩和することにより，時間的にも適用範囲においても限られた防護措置のみで対処可能とし，敷地外の汚染は回避又は最小化します．あまりに早く放射性物資を大量放出するような事故シーケンスは**実質的排除**（practical elimination）でなければなりません．具体的には，**早期大量放出**の事故シーケンスが物理的に起こり得ないこと，または，確信をもってきわめて起こりづらいこと（確率論的リスク評価などにより非常に低い頻度に抑えられていること）を確認します．フィルターベントにより粒子状放射性物質を除去し，敷地外の放射性物質汚染をできるだけ最小化させます．そうすると，若干の希ガスや有機ヨウ素などが外に出てしまうのですが，早期大量放出の事故は実質的排除とし，フィル

ターベントで敷地外の放射性物質汚染を抑制しているので，ある程度限られた防護措置，避難や屋内退避のみで対処可能にします．第Ⅴ層は敷地外の話になります．**放射性物質の大量放出**（LR: Large Release）を想定します．この影響を緩和するために，緊急時計画や手順が決められます．

4.3 日本の原子力発電所における深層防護の具体例

日本の原子力発電所では，IAEA による深層防護の考え方に倣って設計されています．各層で想定する状態の定義，その具体例，想定に対する対策，その具体例をまとめたものが**表 4.2** です．

(1) 第 Ⅰ 層

第Ⅰ層では，通常運転を想定します．通常運転とは，計画的に行われる運転に必要な活動であり，具体的には，起動，停止，出力運転，高温待機，燃料体の取替えなどです．故障やミスを防止するため，余裕のある設計や品質管理，

表 4.2　想定する状態と対策

層	対策 状態	対策例 定義	例
Ⅴ	被ばく低減	避難，屋内退避，食物摂取制限	
	FP 大量放出	人体または環境に重大な影響を与えるおそれがあるもの	希ガスによる被ばく 土壌汚染
Ⅳ	格納容器破損防止	格納容器下部に注水，除熱，フィルターベント	
	重大事故	炉心の著しい損傷	炉心が溶融し，原子炉格納容器下部に落下
Ⅲ	炉心損傷防止	LOCA に対して，非常用炉心冷却装置（ECCS）（大容量ポンプ＋非常用発電機＋貯水）	
	設計基準事故	発生した場合には発電用原子炉施設から多量の放射性物質が放出するおそれがあるもの	冷却材喪失（LOCA） 制御棒飛び出し・落下 蒸気発生器伝熱管破損（PWR のみ）
Ⅱ	事故拡大防止	外部電源喪失に対して，非常用発電機	
	運転時の異常な過渡変化	通常運転時に予想される機械または器具の単一の故障若しくはその誤作動又は運転員の単一の誤操作	制御棒の異常な引き抜き 外部電源喪失 給水流量の全喪失（BWR のみ）
Ⅰ	故障・ミス防止	余裕のある設計，品質管理，MMI	
	通常運転	計画的に行われる運転に必要な活動	起動，停止，出力運転，高温待機，燃料体の取替え

マン・マシン・インターフェース（MMI）などの対策が取られます.

　余裕のある設計とは，例えば，原子炉を冷却するのに水が最大 $900\,\mathrm{m}^3/\mathrm{h}$ 必要な場合に $1000\,\mathrm{m}^3/\mathrm{h}$ のポンプを設置すること，降伏点が $900\,\mathrm{MPa}$ の鋼材であれば $600\,\mathrm{MPa}$ までで弾性設計することなどです. 品質管理とは，設備を構成する材質，設計・製造する人の能力，完成品の検査などの管理です. マン・マシン・インターフェースとは，色分けやカバーなどにより人のミスが起こりにくい操作盤などです.

(2) 第 Ⅱ 層

　第Ⅱ層では，第Ⅰ層での対策にもかかわらず発生する運転時の異常な過渡変化を想定します. 運転時の異常な過渡変化とは，通常運転時に予想される a) 機械または器具の単一の故障または誤作動，b) 運転員の単一の誤操作，c) これらと類似の頻度で発生すると予想される外乱によって発生する異常な状態で，これが継続した場合には事故（炉心または原子炉冷却材圧力バウンダリに

表4.3　運転時の異常な過渡変化として評価すべき具体的な事象 [2)]

具体的な事象	適用炉型	
	PWR	BWR
1　炉心内の反応度又は出力分布の異常な変化		
(1) 原子炉起動時における制御棒の異常な引き抜き	○	○
(2) 出力運転中の制御棒の異常な引き抜き	○	○
(3) 制御棒の落下及び不整合	○	
(4) 原子炉冷却材中のほう素の異常な希釈	○	
2　炉心内の熱発生又は熱除去の異常な変化		
(1) 原子炉冷却材流量の部分喪失	○	○
(2) 原子炉冷却材系の停止ループの誤起動	○	○
(3) 外部電源喪失	○	○
(4) 主給水流量喪失	○	
(5) 蒸気負荷の異常な増加	○	
(6) 2次冷却系の異常な減圧	○	
(7) 蒸気発生器への過剰給水	○	
(8) 給水加熱喪失		○
(9) 原子炉冷却材流量制御系の誤動作		○
3　原子炉冷却材圧力又は原子炉冷却材保有量の異常な変化		
(1) 負荷の喪失	○	○
(2) 原子炉冷却材系の異常な減圧	○	
(3) 出力運転中の非常用炉心冷却系の誤起動	○	
(4) 主蒸気隔離弁の誤閉止		○
(5) 給水制御系の故障		○
(6) 原子炉圧力制御系の故障		○
(7) 給水流量の全喪失		○

4.3 日本の原子力発電所における深層防護の具体例 *11*

著しい損傷）が生ずるおそれがあるものとして設計で想定すべきものです．具体的には，制御棒の異常な引き抜き，外部電源喪失，給水流量の全喪失（BWRのみ）などです（**表4.3**）[2]．

　事故への拡大を防止するため，例えば，外部電源喪失に対しては非常用発電機を置きます．事象の原因となった故障部等の復旧を除けば，格段の修復なしに通常運転に復帰できることが求められます．

(3) 第 Ⅲ 層

　第Ⅲ層では，第Ⅱ層までの対策にもかかわらず，設計基準事故を想定します．設計基準事故とは，発生した場合には原子力発電所から多量の放射性物質が放出するおそれがあるものとして設計で考慮する事故です．例えば，**原子炉冷却材喪失事故**（**LOCA: Loss of Coolant Accident**）では，出力運転中に原子炉に繋がる配管の破断により冷却水が流出し，そのままでは原子炉の炉心が損傷するような事故です（**表4.4**）[2]．

　原子炉冷却材喪失事故では，冷却水が流出しているので，炉心の損傷を防止

表4.4　評価すべき事故 [2]

具体的な事故	適用炉型	
	PWR	BWR
1　原子炉冷却材の喪失又は炉心冷却状態の著しい変化		
(1)　原子炉冷却材喪失	○	○
(2)　原子炉冷却材流量の喪失	○	○
(3)　原子炉冷却材ポンプの軸固着	○	○
(4)　主給水管破断	○	
(5)　主蒸気管破断	○	
2　反応度の異常な投入又は原子炉出力の急激な変化		
(1)　制御棒飛び出し（PWR）	○	
(2)　制御棒落下（BWR）		○
3　環境への放射性物質の異常な放出		
(1)　放射性気体廃棄物処理施設の破損	○	○
(2)　主蒸気管破断		○
(3)　蒸気発生器伝熱管破損	○	
(4)　燃料集合体の落下	○	○
(5)　原子炉冷却材喪失	○	○
(6)　制御棒飛び出し	○	
(7)　制御棒落下		○
4　原子炉格納容器内圧力，雰囲気等の異常な変化		
(1)　原子炉冷却材喪失	○	○
(2)　可燃性ガスの発生	○	○
(3)　動荷重の発生		○

するため,大型のポンプで注水しなければなりません.当然,ポンプを動かすための非常用発電機,必要な水を貯めておくタンクも必要です.炉心は著しい損傷に至ることなく,冷却が可能な形状を保っていることが求められます.

(4) 第 IV 層

第IV層では,第III層までの対策にもかかわらず,炉心が著しく損傷し溶け,格納容器下部に落下する重大事故を想定します.重大事故が発生すると,大量

表 4.5 想定する格納容器破損モード[3]

(1) 雰囲気圧力・温度による静的負荷(格納容器過圧・過温破損)
(2) 高圧溶融物放出／格納容器雰囲気直接加熱
(3) 原子炉圧力容器外の溶融燃料－冷却材相互作用
(4) 水素燃焼
(5) 格納容器直接接触(シェルアタック)
(6) 溶融炉心・コンクリート相互作用

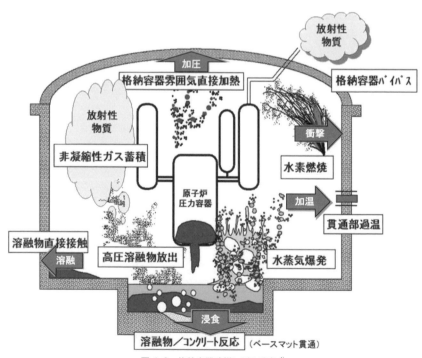

図 4.2 格納容器破損に至る現象[4]

の高温水蒸気により格納容器内が高温・高圧になり，格納容器の許容できる温度・圧力を超え格納容器が破損（**格納容器過圧・過温破損**）する可能性があります．どのようにして格納容器が破損するかを，**格納容器破損モード**といいます．溶けた炉心が格納容器下部のコンクリートと反応し，コンクリートが失われ一酸化炭素が発生する（**溶融炉心・コンクリート相互作用**）なども想定しなければなりません（**表 4.5，図 4.2**）[3]．

　水蒸気圧や熱などにより格納容器が破損しないように，格納容器下部の溶けた炉心に水をかけて除熱をして，フィルターベントで放射性物質を取り除きながら水蒸気を放出します．格納容器の圧力・温度が限界圧力・温度を下回るとともに，環境へ放出される放射性物質の量が一定量を下回る（例えば，セシウム 137 では 100 TBq（テラベクレル $= 10^{12}$ ベクレル）を下回る）ことが求められます．なお，セシウム 137 の放出量が 100 TBq（その他の粒子状放射性物質はセシウム 137 と同じ割合で放出される）とは，福島第一原子力発電所事故での放出量の約 100 分の 1 であり，長期的に被ばく線量が年間 20 mSv を超える区域を発電所周辺に限定できる量です．

(5) 第 V 層

　第 V 層では，第 IV 層までの対策にもかかわらず，放射性物質が大量に放出されると想定します．周辺住民の放射線被ばくをできる限り低減するために，周辺住民の避難や屋内退避，食物摂取制限などを実施します．

　原子力発電所から概ね 5 km 圏内（**予防的防護措置を準備する区域：PAZ**）の人は，放射性物質の放出前に予防的に避難します．ただし，避難によって健康リスクが高まる人は（入院患者など）は，近隣の放射線防護施設に退避します．原子力発電所から概ね 5 ～ 30 km 圏内（**緊急防護措置を準備する区域：UPZ**）の人は，まず自宅や近くの建物内に避難（**屋内退避**）します．放射性物質の放出後，一定の空間放射線量率を計測した場合には，その区域を特定し，順次一時移転や避難，飲食物摂取制限をします（**図 4.3，表 4.6**）[5]．

4.4　後段の層ほど幅広く

　第 3 章で説明した後段の層ほど幅広くという考え方を，原子力発電所の場合

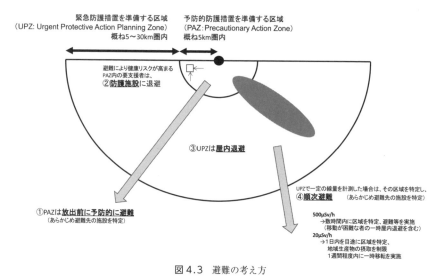

図 4.3 避難の考え方

表 4.6 空間放射線量率と防護措置

基準の種類	空間放射線量率 （初期設定値）	防護措置の概要
OIL 1	500μSv/h	数時間内を目途に区域を特定し，避難等を実施
OIL 2	20μSv/h	1日内を目途に区域を特定し，地域生産物の摂取を制限するとともに，1週間程度内に一時移転を実施.
飲食物に係るスクリーニング基準	0.5μSv/h	数日内を目途に飲食物中の放射性核種濃度を測定すべき区域を特定 一週間以内を目途に飲食物中の放射性核種濃度の測定と分析を行い，基準（OIL6）を超えるものにつき摂取制限を迅速に実施

について説明します（図 4.4）．第Ⅲ層では，設計基準事故が起こることを想定します．冷却材がなくなった場合には，水を入れる非常用炉心冷却装置があります．制御棒が飛び出した場合には，緊急停止装置があります．蒸気発生器の伝熱管が破損した場合には，加圧器逃し弁で少し圧を抜いて非常用炉心冷却装置で水を入れます．このように第Ⅲ層では様々な事故を細かく想定して，各々に対策を取るようにします．しかし，対策が失敗したり，想定外のことが起きて炉心が溶けたりするかもしれません．第Ⅳ層では，どのようなことが原因かわかりませんが，炉心が溶けて落ちてしまったと想定します．これに対しては，とにかく水を入れて溶け落ちた炉心を冷やして，発生した水蒸気は格納

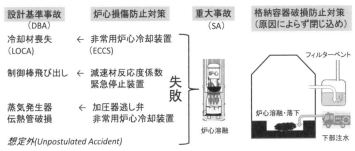

図 4.4　後段の層ほど幅広く（Ⅲ層とⅣ層の関係）

容器から放出して圧を抜きます．評価するためにシナリオはつくりますが，最悪な状態で，落ちてきたものに対してどうするのかということを考えます．第Ⅲ層の場合は個別に原因を想定して，各々に対策を取りますが，第Ⅳ層の場合は，原因によらず炉心が溶け落ちてしまったらどうするかと考えます．後段の層ほど幅広くということはこのような意味です．

4.5　性能目標

　第2章で説明したように，事故を絶対に起こさないということはできないので，事故の影響・被害をどの程度まで抑え込むかという安全目標があります．安全目標は人や環境への影響とその発生頻度です．これを達成するためには，原子力発電所では，どのような事故をどの頻度にまで抑え込むかという**性能目標**が必要です．

　旧原子力安全委員会では，安全目標を定性的には「日常生活に伴う健康リスクを有意に増加させない水準」とし，定量的には個人平均急性死亡リスク，ガンによる個人平均死亡リスクは 10^{-6} / 年を超えないよう抑制するとしていました．原子力発電所の事故としては，急性死亡あるいはガン死亡をもたらすような**格納容器機能喪失**を伴う大規模な事故を仮定し，この事故が発生した場合に死亡する確率（**条件付き死亡確率**）を推定し，保守的に 1/10 としました．したがって，**格納容器機能喪失頻度（CFF: Containment Failure Frequency）**は 10^{-5} / 年程度となりました．格納容器機能喪失頻度は，**炉心損傷頻度（CDF:**

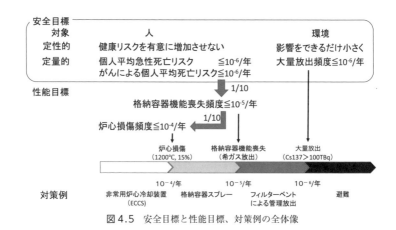

図4.5 安全目標と性能目標、対策例の全体像

Core Damage Frequency）と炉心損傷事故時の**条件付き格納容器機能喪失確率**（CCFP: Conditional Containment Failure Probability）の積で表され，前者は炉心損傷の防止機能を表し，後者は格納容器の閉じ込めに関する性能を表すと考えることができます．公衆へのリスクが同じであれば，炉心損傷に至る事故の発生頻度は低い方が望ましいため，格納容器に過大な期待を置かないようにするとの考えから炉心損傷頻度は 10^{-4}/年程度とされました[6]．

原子力規制委員会では，上記を基礎とし，さらに東京電力福島第一原子力発電所事故を踏まえ安全目標を定性的には「万一の事故の場合でも環境への影響をできるだけ小さくとどめる」とし，定量的には**大量放出**（LR: Large Release，セシウム137の放出量が100Tbqを超えるような事故）の発生頻度は 10^{-6}/炉年を超えないように抑制することを加えました（図4.5）[7]．

参照文献

1) International Atomic Energy Agency. Safety of Nuclear Power Plants: Design, IAEA Safety Standards Series No. SSR-2/1（Rev. 1）. 2016.
2) 原子力安全委員会．発電用軽水型原子炉施設の安全評価に関する審査指針．1982.
3) 原子力規制委員会．実用発電用原子炉及びその附属施設の位置，構造及び設備の基準に関する規則の解釈．2013.
4) 原子力規制委員会　発電用軽水型原子炉の新安全基準に関する検討チーム．格納容器破損防止対策の有効性の評価に係る標準評価手法（素案）の概要（第15回会合資料1－2）.

2013.

5) 原子力規制委員会. 原子力災害対策指針. 2023.

6) 原子力安全委員会 安全目標専門部会. 発電用軽水型原子炉施設の性能目標について－安全目標案に対応する性能目標について－. 2006.

7) 原子力規制庁. 安全目標に関し前回委員会（平成25年4月3日）までに議論された主な事項, 平成25年度第2回原子力規制委員会資料5（2013年4月10日）. 2013.

第5章
信 頼 性

　前章までで深層防護,すなわち対策を何層にも積み重ねるという説明をしました.この章では,個々の対策,各層の信頼性について説明します.信頼性とは,対策が失敗しない確率や頑健性です.

5.1 個々の対策の信頼性

　まず,個々の対策の信頼性について説明します.例えば,事故(火災)対策としてのスプリンクラーを考えます(図5.1).火災は過去にも発生しているので設計に考慮します.火災は設計基準事故です.火災の拡大防止策としてスプリンクラーを設置すると,壁は焦げますが建物全てが燃えることはありません.このスプリンクラーは,検知器や手動によりスイッチが入り送電線から電気をもらって電動ポンプを動かし,スプリンクラーヘッドから水を降らせます.一般的に,設備の信頼性を高めるには,高品質,余裕のある設計,フェイルセーフ,フールプルーフ,頑健性などが必要です.
(1) 高 品 質
　品質とは,要求事項を満たす程度です.スプリンクラーであれば,火事の際に確実に消火できる程度になります.直接的に,これを証明するために,何度

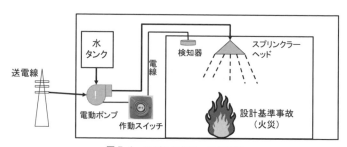

図5.1　スプリンクラーの信頼性

も消火試験を行い，消火できることを確認します．間接的には，材料の成分をチェックし強度などを満たすか，設計が基準や規格に適合しているか，その設計のレビューが専門家により行われているかなどを確認します．**高品質**であれば，試験は第三者機関で行われていること，材料にはミルシート（鋼材の化学成分，機械的強度が記載されている書類），専門家には資格，組織には品質を管理する体制などが要求されることがあります．

(2) 余裕のある設計

余裕のある設計とは，評価上必要とされる能力や強度を上回る設計をすることです．例えば，火災のシミュレーションにより毎時 $10\,\mathrm{m}^3$ のポンプが必要と評価されても，毎時 $15\,\mathrm{m}^3$ のポンプを配置することです．

また，配管に事故や地震による力が加わった際に，力がなくなったら元に戻る設計（**弾性設計**）をする場合，鋼材の降伏点が応力 $240\,\mathrm{MPa}$ であっても，余裕をもたせて $160\,\mathrm{MPa}$ までで弾性設計することです（図 5.2）．

(3) フェイルセーフ

ある設備が仮に故障した場合，危険な側に動作するのか，安全な側に動作するのか，どのようにすればいいのでしょうか．**フェイルセーフ**とは，故障したとしても安全側に動作するという設計です．例えば，スプリンクラーの検知器からポンプの作動スイッチには常に電流が流れ，火災を検知すれば電流を切り作動スイッチを入れる設計にします．この場合，仮に電線が切れれば電流が流れず作動スイッチが入ります．電線の故障により，ポンプが作動し水が放出され安全側になります（部屋が水浸しになるのは無視してください）．これが

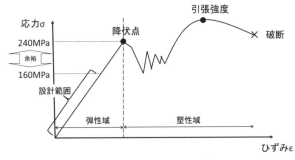

図 5.2 余裕のある弾性設計

フェイルセーフです.

　一方,通常は電流が流れておらず,火災を検知すれば電流が流れ作動スイッチを入れる設計にするとします.電線が切れた状態では火災を検知した検知器が電流を送ろうとしても流れず,作動スイッチが入りません.水が放出されず,延焼します.これはフェイルセーフではありません.

　加圧水型原子力発電所の制御棒（原子炉の出力を制御する.原子炉に深く挿入されると原子炉は停止する）は,原子炉の上から電磁石でつるされています.仮に停電になると電磁石の磁力が失われ,制御棒は重力で原子炉に深く挿入され,原子炉は停止します.これはフェイルセーフです.

(4) フールプルーフ

　フールプルーフとは,人が間違ったとしても機械がそれを避ける・受け付けないということです.例えば,間違って押さないように作動スイッチボタンにカバーをかける,意思を確認するため強く長く押さないと作動しない設計などです.

　原子力発電所の制御室の操作盤では,重要なボタンやレバーにはカバーがかけられています（図5.3）.カバーに鍵がかかっているものもあります.操作員が間違ってボタンを押そうとしても,上司に鍵を借りないといけないので,上司が間違いをチェックでき誤操作を防止できます.

(5) 頑健性

　安全のための設備が小さな地震で倒れて使用できないようでは役に立ちませ

図5.3　関西電力大飯原子力発電所3号機の中央制御室[1]

ん，地震，津波，竜巻，火山灰などにより設備に力が加わっても耐えることを**頑健性**といいます．

例えば，原子力発電所の内外で断層の調査が行われ，地震により設備に加わる力が算定されます．この力が設備に加わったとしても安全機能が失われてはいけません．

(6) 動的機器と静的機器，能動的機器と受動的機器

それぞれの設備の信頼性を考えるときに，多くの部品で構成され，その部品が動くことで水を送るポンプのような**動的機器**があります．他方，注水が必要な設備の高さより高い位置のタンクに水を貯め，重力だけで水を流せるので動かずじっとしている給水塔や配管のような**静的機器**があります（図5.4）．一般的に動的機器は様々な機械部品の組み合わせのため，部品数が多く故障率が高いと考えられます．静的機器は構造が単純で部品数が少ないため信頼性が高いという考え方もあります．ただし，静的機器のみでシステムを構築することは困難で，給水塔にも動的機器である弁が必要です．動的機器と静的機器が組み合わされたシステムとしての信頼性の評価が必要です．

静的機器は信頼性が高いと過信するのも危険です．配管やダクトは，点検を怠ると腐食や疲労による亀裂が進み大きな穴が空き機能しないことがあります（図5.5）．

また，**能動的機器**と**受動的機器**という分類もあります（図5.4）．例えば，能動的機器として，弁であれば，能動的に電気を使って弁を開ける電動弁があ

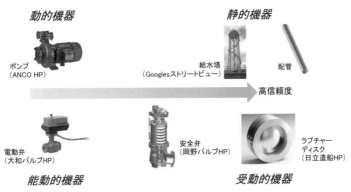

図5.4 機器の分類

図5.5 日本原燃株式会社濃縮工場排気ダクトの腐食[2]

ります．受動的機器として，受動的に圧力がかかれば破れて弁が開くラプチャーディスク，圧力がグッとかかるとバネで抑えられていた弁が開く安全弁があります．電気の力などで弁に働きかけて弁が開くものと，圧力が加わると弁が壊れて受動的に弁が開くものを比較すると，受動的なものの方が信頼性は高いと考えられています．

5.2　各層の信頼性

これまでは各々の対策や設備の信頼性の話でしたが，次は深層防護における層の信頼性の話です．
(1) 多　重　性
　図5.1の例では，電動ポンプが1台しかありません．1台ではたまたま故障（ランダム故障）しているかもしれないので，電動ポンプをもう1台置いておきます．このように同じものが複数あることを**多重性**と言います．ものというのは故障するかもしれないので，ランダム故障対策として同じものを2つ置く多重性を持たせます（図5.6）．
　原子力発電所でも，非常用発電機は複数台設置されています．
(2) 多　様　性
　同じものを2つ置くと，電動ポンプでは停電すると2台とも使えなくなりま

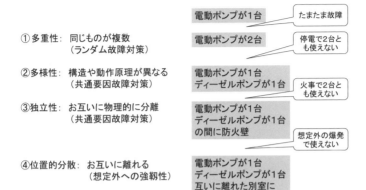

図 5.6　各層の信頼性向上（例：消防ポンプ）

表 5.1　多様性の例（加圧水型原子力発電所（PWR））

	設　備　等	
原子炉停止	制御棒	ホウ酸注入タンク
蒸気発生器への給水	電動補助給水ポンプ	蒸気駆動補助給水ポンプ
原子炉の減圧	加圧器逃し弁	蒸気発生器での除熱
非常用発電機	ディーゼル	ガスタービン
熱の逃し場	海	大気
通信手段	有線電話	無線電話

す．一つの要因で複数の設備が動かなることを，**共通要因故障**といいます．停電による共通要因故障に対しては，1台は電動ポンプで，もう1台は電気がなくても動くディーゼル駆動ポンプにします．このように構造や動作原理が異なることを**多様性**といいます．共通要因故障対策として多様性を持たせます．

　原子力発電所には，非常用発電機として，ディーゼル発電機とガスタービン発電機が設置されています．加圧水型原子力発電所（PWR）の停止装置は，固体の制御棒とホウ酸を溶かした水を注入するためのホウ酸注入タンクがあります（表 5.1）．沸騰水型原子力発電所（BWR）の高圧注水ポンプは，電動ポンプと原子炉からの蒸気を駆動源とする蒸気駆動ポンプがあります．

(3) 独　立　性

　電動ポンプ1台，ディーゼル駆動ポンプ1台を，同じポンプ室に設置してい

るとします．ディーゼル駆動ポンプは軽油を使っており，漏れた軽油に引火し，ポンプ室が火災になると2台とも使えなくなります．火災は面的に悪い影響を与えます．火災という共通要因への対策として，電動ポンプ1台とディーゼルポンプ1台の間に防火壁を置きます．どちらかが火事になっても，他方は生き残ります．ある共通要因を想定して，その想定に対して物理的に分離していることを**独立性**といいます．

　原子力発電所では多重性を確保するため安全システムが2系統以上あります．各々の系統は，別区画に設置されています．中央制御室などでどうしても2系統が近くなってしまうときには防火仕切りなどが設置されています．

(4) 位置的分散

　独立性ではある想定をしているので，想定外の爆発で防火壁が壊れることがあるかもしれません．ディーゼル駆動ポンプは当然軽油を給油して動かしますが，誰かが間違えてガソリンを給油して爆発してしまうような事態が考えられます．想定外に対して対策を取ることは非常に難しいのですが，やはりお互いを位置的に離しておくこと（**位置的分散**）で想定外への強靭性が生まれ，一定の想定外にも耐えられるのではないでしょうか，またはその蓋然性が高くなります．電動ポンプ1台とディーゼルポンプ1台は互いに離れた別室に設置します．

　独立性は，ある想定に対して物理的分離ができているのか定量的に評価することが可能です．一方，位置的分散は，想定外への対策なので定性的にしか評価することができません．

　原子力発電所で，近くで爆発が起こった，航空機が衝突してきたなどは具体的な想定が困難です．しかし，安全設備を原子炉建屋の東側に1台と西側に1台を設置しておけば，東側に航空機が衝突したとしても西側の1台は被害を受けない蓋然性が高くなります．

(5) 多重性と独立性の判断：単一故障基準

　ある層の対策が，多重性と独立性を持っているかをチェックするために**単一故障基準**というものがあります．簡単に言うと，任意の一カ所を機能喪失させてもシステムが機能するかどうかという基準です．**図5.7**にはA，B，C，Dと4種類の注水システムが書かれています．Aは発電機1台，ポンプ1台で

5.2 各層の信頼性

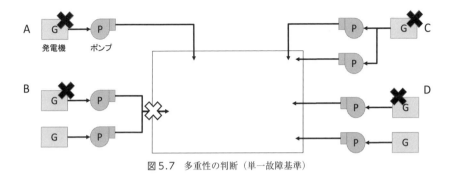

図 5.7 多重性の判断（単一故障基準）

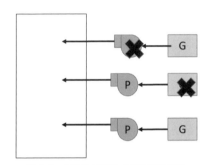

図 5.8 多重性の判断（二重故障基準）

水を入れるというものですが，どこか一カ所が故障（×）すると水が入らないため，これは単一故障基準を満たしていません．Dはポンプと発電機が二系列になっているため，どこか一カ所が故障しても水が入っていきます．さらに機能喪失する要因も検討し，共通要因で二系列ともに機能喪失しないこと（独立性）が確認できれば，単一故障基準を満たしています．Cはどうでしょうか．Cは発電機が故障するとポンプは両方とも動かないため，単一故障基準を満たしていません．Bは考え方が難しいのですが，発電機やポンプが1カ所故障しても水が入っていきます．動的機器は1個故障しても水が入っていきます．しかし，仮に2本の配管が合流し1本になった配管が切れたら水は入りません．動的機器が故障する分には単一故障基準を満たしていますが，ここの配管が破断又は詰まると水が入っていかないので，静的機器まで含めると単一故障基準を満たしません．静的機器の単一故障と動的機器の単一故障は，少し区別して

| 電動ポンプと発電機 | ディーゼル駆動ポンプ | 人力ポンプ | 重力注入 |

図 5.9　注水システムの多様性

考えなければいけません．

　上記の単一故障基準を満たすシステムより，さらに高い信頼性を求める場合には，任意の二カ所を機能喪失させてもシステムが機能するかどうかという**二重故障基準**があります．図 5.8 では 3 系列あるため任意の 2 カ所が故障しても水が入り，二重故障基準を満たしています．

(6) 多様性の判断

　多様性とは，構造や動作原理が異なることです．多様性を持つかどうかは，多重性のように分かりやすい判断基準がありません．

　例えば，注水をするシステムでは，発電機と電動ポンプの組み合わせと，電気は不要で軽油を燃やして直接ディーゼルエンジンが駆動力になるディーゼル駆動ポンプでは動力の原理が異なります．ただし，インペラ（羽根車）を使っている点では同じです．多様性が一定程度あると言えます．給水塔による重力注入は，ポンプとは動作原理が異なり，インペラもありません．ポンプと給水塔では多様性が十分にあると言えます．注水流量は少ないですが，人力ポンプはプランジャー（注射器と同じ原理のポンプ）であり，他のものと比べて動力源及び動作原理において多様性があります（図 5.9）．

参照文献

1) 産経フォト．大飯 3 号機が発送電開始　4 月上旬に営業運転．(オンライン)（引用日 2024 年 11 月 17 日　）．https://www.sankei.com/photo/story/news/180316/

sty1803160018-n1.html

2) 原子力規制庁. 日本原燃株式会社再処理事業所等において確認された保安規定違反と今後の対応について（オンライン）（引用日 2024 年 11 月 17 日）. https://www2.nra.go.jp/data/000306619.pdf.

第6章

保　守　性

6.1　不確かさとは

　ものを設計する場合には，基礎となるデータが必要ですが，データの測定の際には，どうしても測定値はばらついてしまいます．鋼材の降伏応力を計測器で測定しても，測定毎に値が異なったりします．このようにデータのばらつきがあります．データのばらつきをさらに分解すると，鋼材の試料の組成・形状のばらつき，測定毎に計測器の環境（温度，湿度，振動等）が異なることによるばらつき，計測器自体のノイズなどに分けられます．

　実際にものを加工する際には，設計の寸法形状どおりピタッと作れるものではなく，若干ばらつきがあります．例えば，10円硬貨をトスしたときに表が出る確率はいくらですかというと，0.5と学校では教わりますが，若干凸凹があるため，確率は0.5にはなりません．天才的な職人が1ミクロン単位で加工したツルツルのコインをトスしても，0.5ミクロンほどの誤差があり確率は0.5にはなりません．これは製作上のばらつきと言います．

　設計の際には様々な事象や事故を想定しますが，それでも今まで知識としてはあっても誰も経験したことも実験したこともないことが起こることがあります．これまでの経験から推定することはできますが，不確かさは大きくなります．例えば，ある地域で最大雨量が毎時50mmのときには川の水位が1m上昇することが経験で分かっていても，毎時200mmの雨は経験したことがなく，川の水位は単純に4倍の4m上昇するのか，川に雨水が流れ込む範囲が広がりさらに上昇するのか，3m程度で堤防が決壊するのかが分からず不確かさが大きくなります．最近はシミュレーション技術が向上しましたが，実測データがない領域では不確かさが大きくなります．

　さらに，今まで誰も気づかなかったことが起こることもあります．例えば，

2001年9月11日にイスラム過激派テロ組織アルカイダによって行われたアメリカ合衆国に対する同時多発テロです．当時，アルカイダが何処にどのように攻撃しようとしているか分からないということを知らない状態だったと思います．

このような不確かさの分類に，ラムズフェルドのマトリックスが使われることがあります．ラムズフェルドのマトリックスとは，2002年にアメリカのラムズフェルド国務長官が記者会見で使用し，その後，不確かさの分類・アプローチとして整理された2×2のマトリックスです（表6.1）[1]．

表6.1　ラムズフェルドのマトリックス

既知の知（Known Knowns） 知られていることを知っている	既知の未知（Unknown Knowns） 知られていることを知らない
未知の知（Known Unknowns） 知らないことがあると知っている	未知の未知（Unknown Unknowns） 知らないことがあると知らない

ラムズフェルド国務長官は安全保障の観点で発言していますが，安全の観点で書き直すと以下のとおりです．

既知の知　：既存のデータや知見を知っている（例：データや製作上のばらつきを把握している）

既知の未知：既存のデータや知見を知らない（例：未経験者に設計をさせる）

未知の知　：誰も経験したことも実験したこともないことが起こる可能性を認識している（例：試験により部材が2,000℃まで使用可能なことは分かっているが，2,300℃では試験が不可能なためどうなるか分からない）

未知の未知：知らないことが起こるかもしれないことを知らない状態（例：9.11米国同時多発テロ）

6.2 不確かさの重ね合わせ

(1) 独立事象での重ね合わせ

不確かさの重ね合わせを説明するために,バネ2本を並列につないだ場合のバネ定数を考えてみます.長さ10cm,バネ定数kのバネをA社とB社に各々1万本発注したら,両社とも10人の職人が1000本ずつ製作し納入しました.原材料の線材も大量に必要だったため複数社の同一規格のものを使いました.バネ定数に若干のばらつき(正規分布とします)があり,A社製のバネの標準偏差はσ_Aで,B社製はσ_Bでした.図6.1 (a)のように各々1万本の中からランダムに1本ずつ選び並列につないでバネ定数2κのバネを作ろうとします.できたバネのバネ定数κ_p,その標準偏差σ_pは下図のとおりです.標準偏差σ_pの絶対値は,σ_Aやσ_Bの絶対値より大きいですが,バネ定数に対する比率では小さくなります.

自然現象にも不確かさがあります.山深い雪国で建物を設計する場合,大雪による積雪荷重と地震による地震荷重を考慮しなければなりません.屋根に雪が1m積もっているときに地震が起こるかもしれません.大雪と地震の発生はお互いに独立です.また,積雪量のばらつきと地震荷重のばらつきもお互いに独立です.なんの関連もありません.この場合,理論的には積雪荷重の発生確率分布と地震荷重の発生確率分布を掛け合わせ,両者による応力の発生確率分布をもとに設計をすることは可能です.しかし現実には,データの入手が困難

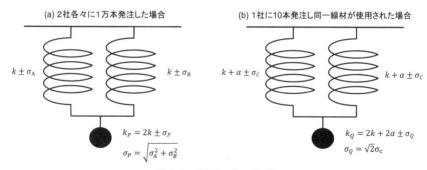

図6.1 並列につないだバネ

だったり手間を考えると，積雪荷重と地震荷重を足し合わせることで設計することが多いです．

例えば，雪国の原子力発電所で，記録が残っている過去 100 年間の最大積雪量が 2 m，最大 1000 gal の地震動が 1 万年に 1 回発生すると想定された場合，簡易的に 2 m の積雪時に 1000 gal の地震動を加えて発生荷重を評価します．この方法では 100 万年に 1 回の事象にも対応できてしまっています．一方，雪が降らない南国の原子力発電所では，最大 1000 gal の地震動が 10 万年に 1 回発生すると想定された場合，1000 gal の地震動だけを加えて発生荷重を評価します．10 万年に 1 回の事象に対応できています．雪国の原子力発電所は南国のものより非常に希な事象に対応できています．積雪の発生確率分布と地震の発生確率分布を掛け合わせて評価できる手法が確立できれば，雪国の原子力発電所の設計を合理化できる可能性はあります．

(2) 共通要因事象での重ね合わせ

追加で 10 本のバネが必要になり A 社に発注したら，少量なので 1 人の職人が 1 本の線材から 10 本のバネを作り納品しました．この中の 2 本を並列につなぎます．使用した線材が硬めだった場合，右のバネも左のバネも硬め（バネ定数が大きい）になります．この 2 本を並列につないだバネのバネ定数 κ_{Q}，その標準偏差 σ_{Q} は図 6.1 (b) のとおりです．バネ定数は，大量生産の場合（図 6.1 (a)）より硬めの分布になってしまいます．

地震が発生すると，海岸近くでは，揺れ，液状化，津波がほぼ同時に発生することがあります．建物の設計では，揺れによるダメージを受け，液状化で傾いた状態で津波の衝撃を考慮しなければいけません．地震が共通要因事象になります．地震が大きくなれば，揺れ，液状化，津波とも大きくなります．不確かさとして考慮する最大の地震で，地震動，液状化の程度，津波波力を評価します．これらを足し合わせた上で，各々の不確かさを加えて評価しなければなりません．

(3) 不確かさが同時に発生しない

上の 2 つの例は，不確かさが同時に発生する可能性があり，重ね合わせが生じます．しかし，地震により建物に発生する力の不確かさと航空機衝突テロにより建物に発生する力の不確かさを重ね合わせる必要があるでしょうか．地震

発生を予測し，地震が発生している瞬間に航空機を衝突させることは不可能でしょう．航空機が衝突する瞬間に地震が発生することも考え難いです．絶対に同時に発生する確率がゼロとは言えませんが，きわめて低いと考えられます．このような場合は，そもそも重ね合わせを考える必要がないことにします．

6.3 保　守　性

データや設備の加工，未経験の領域には不確かさはつきものです．これらの不確かさに対しても対応できる程度を**保守性**といいます．

例えば，図6.2のように少し凸になっている鉄板があります．これに力が加わったときにどれだけ曲がるか，応力がかかるのかを評価し，鉄板を弾性範囲（降伏応力未満の範囲）で使用したいとします．

(1) データのばらつきと保守性

まず，データのばらつきについてです．鉄板の真の降伏応力というものは存在すると思いますが，それを測定しようすると値がばらつきます．試験試料のばらつき，測定誤差もあります．そうすると真の降伏応力は分からないので，基準上の降伏応力は測定値の平均値より少し小さい値（安全側の値）にします．標準偏差分（σ）小さくすることもあれば，標準偏差の3倍分（3σ）小さくすることもあります．不確かさに対しても対応できる程度が保守性です．

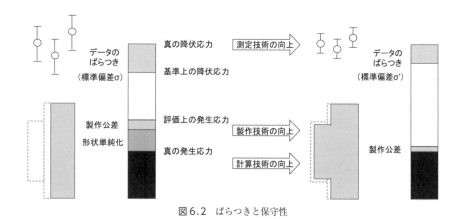

図6.2　ばらつきと保守性

標準偏差の3倍分小さくすれば，真の降伏応力が基準上の降伏応力以上の確率は約99.9%になります．標準偏差分だけであれば，約84.1%となります．平均値より標準偏差の3倍分小さくした基準上の降伏応力は，標準偏差分のものより不確かさに対応できる範囲が広く，保守性が大きいといえます．

　測定技術が向上し，鉄の試験試料がより正確に作成できるようになれば，測定誤差も試料のばらつきも小さくなり，データのばらつきは小さくなります．標準偏差 σ' は σ より小さくなります．仮に測定値の平均値が変わらなければ，平均値より標準偏差の3倍分小さくした基準上の降伏応力は，以前のものより大きくなります．この場合，標準偏差の3倍分小さくすることは変わっていないので，新しい基準上の降伏応力の保守性と，以前の基準上の降伏応力の保守性は変わりません．

(2) 製作上のばらつきと保守性

　機械や設備を製作するときには，どうしてもばらつきが生じます．このばらつきをどの程度までに抑えて製作し品質管理するかは，一般的には，日本産業規格 JIS で定められた値（公差）を使います．例えば，1,000 mm の長さの棒を最も高い精度での製作を指定されれば，許容できる長さの誤差は ± 0.3 mm です．安全評価の際には 1,000 ± 0.3 mm の範囲で最も危険側になる値で評価します．この値と，指定された長さとの差が保守性になります．

　製作技術が向上し高精度の加工機なら 1,000 ± 0.1 mm で製作でき品質保証ができるのであれば，1,000 ± 0.1 mm の範囲で最も危険側になる値で評価することが可能になります．

(3) 形状の単純化に伴う保守性

　現在のようにコンピューターとシミュレーション技術を利用できる以前は，複雑な形状では発生応力を正確に計算ができないので，凸の出っ張った部分は削除し直方体のような単純な形状にして計算をしていました．実際の形状より細い形状で計算しているため評価上の発生応力は，真の発生応力より大きくなります．形状を単純化したことで必然的に発生する保守性があります．

　コンピューターとシミュレーション技術の向上により，複雑な形状でも発生応力を正確に計算できるようになりました．凸の出っ張った部分も考慮できるので，必然的に発生していた保守性がなくなり，評価上の発生応力は，形状を

単純化したものより小さくなります.

(4) 想定外と保守性

「想定外」という言葉が良く使われますが,想定外にも様々なものがあります.ここでは,ラムズフェルドのマトリックスを使って分類します.

①計画的想定外(既知の知): 危険性が残っていることは分かっているが,その危険性は十分に小さく,利便性との比較で,その危険性を許容するため,その危険性を敢えて設計上の想定に含めない.すなわち,設計上の想定に含めず,設計上の想定外にすることです.

「6.3(1)データのばらつきと保守性」,「(2)製作上のばらつきと保守性」で説明したように,例えば標準偏差の3倍まで想定して設計する場合,標準偏差の3倍までの保守性は有しています.一方,きわめて希な標準偏差の4倍離れた事象は想定外にしています.

②悪意の想定外(既知の未知): 危険物を扱う設備の法令・規格・標準などが整備されているのに,これらを全く知らない新人が設計を担当し,よく知られている危険が設計上の想定に含まれなかった場合などです.または許容できない危険性を知っていながら,設計上の想定から外すことです.このようなことは,あってはならない事態です.

③不明の想定外(未知の知): 事故など危険な事態が発生しているが,その原因が良く分からない場合,原因が不明なので事故の発生を防止するための事象が分からず設計上想定することができないことです.

不明の想定外に対して,事故発生防止の保守性を議論することはできません.したがって,事故の影響を緩和することを考えます.「3.5 後段の層ほど想定を幅広く」で説明したように,事故の発生防止の第Ⅰ層では想定外の事故にも対応できる幅広い想定をした第Ⅱ層を構築し,システム全体として保守性を高めます.第Ⅱ層の幅の広さが保守性になります.

幅広くと言ってもどの程度まで幅広くすればよいのでしょうか.データのばらつきのように標準偏差の3倍までという考え方ではなく,物理的限界まで想定するという考え方があります.

例えば,原子力発電所の事故の際の周辺住民の被ばく評価では,住民はどこに座っているのか,どこを歩いているのか分かりません.したがって,物

理的限界として発電所敷地境界のフェンス際にずっと立っていると想定します．実際には事故が起これば逃げるでしょうが，ここではフェンスから離れないと想定します．

【コラム】メキシコ湾 Deepwater Horizon 事故

2010年4月20日にメキシコ湾沖合で掘削リグ Deepwater Horizon が爆発炎上した事故です．11人が死亡，17人が負傷しました（事故時総員126名）．原油流出量は約78万キロリットル（490万バレル）です．

海底下3,900mの油層から原油を試掘するために掘削リグから掘管が伸ばされ，掘管の外側には掘削泥水を海上まで送る外径約53cmのライザーがありました．原油にはメタンなど炭化水素が含まれており，上昇すると膨張します．大量のメタンが急上昇・膨張するとライザーや掘管が破損する事故となります．これを防止するため，原油やメタンが急上昇しないように様々な安全対策が施されており，最終的には掘管を押しつぶすギロチンのような剪断装置がありました．剪断装置は，高圧ガスにより掘管が押し上げられ湾曲しても，V字刃で掘管を中心に寄せ，剪断する設計でした（図6.3）．

事故発生時，原油の急上昇が検知され，剪断装置を作動させましたが，掘管が想定以上に横にずれ，V字刃が完全に閉まらず，約2ヶ月半原油の流出が続きました．

掘管が物理的限界まで横ずれした場合でもV字刃が完全に閉まるように，V字刃の幅を広くするか，掘管の横ずれを制限する設計が必要でした．

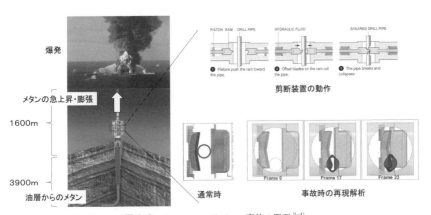

図6.3 Deepwater Horizon 事故の概要 [2-4]

④認識外の想定外（未知の未知）：　認識されていない未知の危険なので，想定に含めようがありません.

認識外の想定外が，せめて不明の想定外にできるように，常に感度を高くして情報を収集し，新たな現象がないか注視する必要があります. また，認識外の想定外に対しては，被害を受ける側での対策が有効です. 工場において人が負傷する原因や事故は様々ですが認識外の想定外があるかもしれません. 人が負傷しないことが目的であれば，オール機械化し無人工場になれば人が負傷することはありません. 無人にできない場合は，危険源から距離的離隔または物理的離隔を取ることが有効です. 保守性を定量的に評価することはできませんが，一定程度の認識外の想定外に対応できます.

参照文献

1) Girard John, Girard JoAnn. A Leader's Guide to Knowledge Management: Drawing on the Past to Enhance Future Performance. New York : Business Expert Press, LLC, 2009.
2) DET NORSKE VERITAS. FORENSIC EXAMINATION OF DEEPWATER HORIZON BLOWOUT PREVENTER. 2011.
3) Reuters. BP reaches $18.7 billion settlement over deadly 2010 spill. 2015.
4) BP. BP DEEPWATER HORIZON ACCIDENT INVESTIGATION REPORT. 2013.

第7章
想定の網羅性と論理的選定，定期的見直し

7.1 起因事象と誘因事象

　何がきっかけで事故が起きるのでしょうか．原子力発電所の中では，人が間違ってボタンを押す，ポンプが故障する，突然配管が破断するような事故が起こるなど様々なことが起こります．それが発端となって炉心が溶けるような事故に進展していく可能性があります．原子力発電所の設備に関連するミス・故障・事故などで炉心が損傷するような大きな事故に進展する可能性がある事象を**起因事象**といいます．突然ポンプが故障することもありますが，地震が発生して揺れの力が加わってポンプが故障する，配管が破断するということもあります．このようにポンプの故障などの起因事象の発生を誘ってしまう可能性のある事象を**誘因事象**といいます．発電所外の自然事象としては，地震や津波，森林火災などがあります．発電所外の人為事象としては，工場の爆発，ダムの崩壊などがあります．犯罪やテロもあります．発電所内では，内部溢水，内部火災があります．これらは，発電所の内部か外部か，自然現象か人為事象か，人為事象なら偶発的か意図的かに分類すると対策を考えるときに分かりやすくなります（表7.1）．

表7.1　起因事象と誘因事象の分類

起因事象	内部事象	設備関連		設備故障・事故
		人為事象		操作ミス

誘因事象		内部事象		内部溢水，内部火災
	外部事象	自然現象		地震，津波，森林火災
		人為事象	偶発	工場爆発，ダム崩壊
			意図	不法侵入，テロ

例えば，発電所のトイレで火事が起きても，それだけであれば原子力発電所の安全設備に影響はないでしょう．しかし，燃え広がり重要な電源ケーブルなどに火が燃え移っていくことになると事故に繋がっていく可能性があります．犯罪に関しては，不法侵入やテロがあっただけだと事故は起こりません．しかし，テロリストが設備を壊してしまうと事故が起きたり，事故に繋がっていきます．地震も起こっただけでは起因事象ではなく，設備の故障が起因事象になります．起因事象と誘因事象は，分けて考えなければいけません．

7.2　網羅性と論理的選定

(1) 網羅性
　起因事象や誘因事象としての内部事象には，どのようなものがあるのでしょうか．様々なものがあると思いますが，設備の数は限られているのである程度の想定はしやすいです．内部事象は，発電所の中の設備が急に故障する，事故が発生する，人が触るということなので範囲が限定されています．これまでの経験も踏まえて，内部事象のうち起因事象は，運転時の異常な過渡変化，設計基準事故としてまとめられています（表4.3，表4.4）．

　一方，発電所の外では何が起こるかわかりません．自然現象には何があるのでしょうか．「今は地震が多いので地震と津波を考えればいい」と思っていてはいけません．東京電力福島第一原子力発電所事故前では地震のことを一生懸命考えていて，津波のことに注意が向いていませんでした．例えば，耐震設計審査指針は16頁ありますが，津波のことは3行しか書かれていませんでした[1]．世の中には自然現象はいっぱいあります．それを網羅しないといけません．どうやって網羅するかというと，とにかく何でも初めから除外せずに，このようなことは起こらないであろうというものも全て拾ってリスト化します．国内外の様々な文献から自然現象には何があるのかをリスト化し，まず網羅します．表7.2は自然現象の例，表7.3は偶発的人為事象の例です．「砂嵐など見たことがない」と思わずに，まずリストに入れることが網羅性という観点で非常に重要です．

　さらに，表7.2には「41.生物学的事象」，「42.動物」というのもあります

7.2 網羅性と論理的選定

表7.2 自然現象の例

1	地震	19	降水	37	火山の影響
2	陥没，地盤沈下，地割れ	20	洪水	38	熱湯
3	地盤隆起	21	土石流	39	積雪
4	地滑り	22	降雹	40	雪崩
5	地下水による地滑り	23	落雷	41	生物学的事象
6	泥湧出	24	森林火災	42	動物
7	山崩れ，崖崩れ	25	草原火災	43	塩害
8	津波	26	毒性ガス	44	隕石
9	静振	27	高温	45	土壌の収縮・膨張（液状化現象）
10	高潮	28	低温，凍結	46	海岸浸食
11	波浪・高波	29	氷結	47	地下水による浸食
12	海水面高（満潮）	30	氷晶	48	カルスト
13	海水面低	31	氷壁	49	湖若しくは川の水位降下
14	ハリケーン	32	高水温	50	湖若しくは川の水位上昇
15	風（台風）	33	低水温	51	水中の有機物
16	竜巻	34	干ばつ	52	太陽フレア，磁気嵐
17	砂嵐	35	霜	53	河川の迂回，閉塞
18	極限的な気圧	36	霧，もや	54	新型インフルエンザ

表7.3 偶発的人為事象の例

1	人工衛星の落下	10	タービンミサイル（他のユニットからのミサイル）
2	飛来物（航空機落下）	11	有毒ガス
3	工業施設又は軍事施設事故（爆発，化学物質放出）	12	ダムの崩壊
4	パイプライン事故（爆発，化学物質放出）	13	爆発（プラント外での爆発）
5	自動車又は船舶の爆発	14	火災（近隣工場等の火災）
6	掘削工事（鉱山事故），土木建築現場の事故（爆発，化学物質放出）	15	水中への化学物質放出
		16	サイト内貯蔵の化学物質の放出
7	船舶の衝突	17	プラント外での化学物質の放出
8	船舶事故（固体液体流出）	18	電磁的障害
9	交通事故（化学物質流出含む）		

が，こういうものを細かく分ける必要があります．日本だと発電所の中に鹿がいたなど，たまにそのような話もあります．海外であればバッタの大群が襲ってくることもあります．

(2) 論理的選定

　様々な事象がリスト化されました．これら全てに対応する必要はありません．リストの中から，適切な基準に沿って除外していきます．大切なことは，まず基準を作成してから除外を進めることです．除外したい事象に合わせて基準を作成してはいけません．

　以下は，自然現象を除外していく例ですが，参考にしてください（**表7.4**）．

表7.4 想定すべき自然現象の論理的選定過程

STEP	除外基準	除外する事象	包絡させる事象
1	近接した場所に発生しない	14 ハリケーン 17 砂嵐 40 雪崩 48 カルスト 49 湖若しくは川の水位降下 50 湖若しくは川の水位上昇 53 河川の迂回,閉塞	
2	進展・襲来が遅く,事前に検知・対策可	32 高水温 43 塩害 45 土壌の収縮・膨張(液状化現象)46 海岸浸食 47 地下水による浸食	
3	安全性が損なわれることがない	6 泥湧出 27 高温 34 干ばつ 35 霜 36 霧,もや 52 太陽フレア,磁気嵐	
4	他の事象に包絡される	2 陥没,地盤沈下,地割れ 3 地盤隆起 5 地下水による地滑り 7 山崩れ,崖崩れ 26 毒性ガス	1 地震
		9 静振 11 波浪・高波 12 海水面高(満潮)13 海水面低	8 津波
		21 土石流	4 地滑り
		15 風(台風)18 極限的な気圧 22 降雹	16 竜巻
		38 熱湯	37 火山の影響
		25 草原火災	24 森林火災
		28 低温 29 氷結 30 氷晶 31 氷壁 33 低水温	28 凍結
		42 動物 51 水中の有機物	41 生物学的事象
5	発生頻度が非常に低い	44 隕石	

想定すべき自然現象として選定された事象

1 地震 4 地滑り 8 津波 10 高潮 16 竜巻 19 降水 20 洪水 23 落雷 24 森林火災 28 凍結 37 火山の影響 39 積雪 41 生物学的事象 54 新型インフルエンザ

第1ステップとして,プラントに影響を与えるほど近接した場所に発生しないものを除外します.日本では発生しないハリケーンは除外します.南国に存在するプラントでは,雪崩を除外します.

第2ステップとして,事象の進展や襲来が遅く,事前にそのリスクを予知・検知することで影響を排除できるものを除外します.海岸浸食や塩害の進展は非常にゆっくりしているので検知して対策をとるまでに十分な時間的余裕があり,これらは除外します.

第3ステップとして,プラント設計で考慮された他の事象と比較して設備等への影響度が同等若しくはそれ以下,またはプラントの安全性が損なわれることがないものを除外します.霜,もやが発生してもプラントの安全性には影響がないので除外します.

第4ステップとして,影響が他の事象に包絡されるものを除外します.草原

火災の火力は森林火災の火力より弱いので，森林火災を考慮しておけば，草原火災を考える必要はありません．草原火災は森林火災に包絡されるものとして除外します．台風の風は竜巻の風より弱いため，風（台風）は竜巻に包絡されるものとして除外します．

　最後のステップとして，発生頻度が他の事象と比較して非常に低いものを除外します．この基準による除外は，発生頻度と安全への影響度を安全・性能目標との関係も含め慎重に検討する必要があります．したがって，安全への影響度や他の事象での包絡で除外できなかったものに限って，最後に行うことが望まれます．早いステップでこの除外を行うと，都合よく発生頻度を低く見積もってしまう危険性があります．

　偶発的人為事象の例となりますが，原子力発電所に航空機が落下した場合には，大量の放射性物質を放出する事故に進展する可能性があります．安全目標としては，大量の放射性物質を放出する事故（セシウム137の放出量が100TBq をこえるような事故）の発生頻度を 10^{-6}/炉年程度にしています．航空機落下以外にも起因事象や誘因事象はあるので，航空機落下には 10^{-6}/炉年程度の1/10，すなわち 10^{-7}/炉年程度を割り当てます．このように，航空機落下の除外は，航空機落下頻度が 10^{-7}/炉年程度未満を判断基準にしています[2]．

　このようにして残ったものが，想定すべき自然事象として論理的に選定された事象となります．

　これとこれは想定すべきものと思ってリストを作ると想定漏れが生じやすくなります．とにかく何でもリストアップしてから，明確な除外ルールを作って「私は，こういう理由で除外します」という考え方を示した上で除外していきます．最初から「こちらは1番と2番だけ考えます」など，そういうものではありません．全て拾った上で「これは関係ない」，「これは力が小さい」，「他に包絡される」というようにして徐々に絞り込んでいきます．そのように論理的に行わなければ，想定できるのに想定漏れが起こるということになります．

7.3　トレーサビリティ

　想定すべき自然現象として地震が選定されたら，次は活断層の位置につい

て，地質調査やボーリング調査をしなければいけません．しかし，活断層かどうかを数百～数千のボーリングコア（ボーリングで掘り出した円柱状の岩石や土）を並べて判断はできません．データを整理しなければいけません．ボーリングコアを木箱に入れ，箱に番号を付け，写真を撮ります．次に，色や硬さなど性状とともにスケッチに落とし，データベース化します．これを基に，分かりやすいように図や表に整理して，活断層かどうか検討します．

検討中にもう少し詳しく性状を知りたいと思ったり，図に違和感を感じるとデータを遡って調べないといけません．スケッチを見ても分からなければ，ボーリングコアを直接観察しなければいけません．スケッチから遡り，写真を見つけ，ボーリングコア（原データ）にたどり着けることを**トレーサビリティ**があるといいます．

一方，図と表を作成後にデータベースを紛失したり，木箱の番号が消えているとボーリングコア（原データ）にたどり着けず，分からないことが分からないままとなり判断ができなくなります．また，勝手に書き換えてしまうと，遡ろうと思っても遡ることができません．データを書き換えたり，まとめた表現にするときは，日付，書き換えた人の氏名，元のデータ，書き換えた理由を明記しなければなりません．

【コラム】敦賀発電所 2 号機ボーリングコア柱状図データ書き換え――――

日本原子力発電㈱が原子力規制委員会に提出した資料において，平成 30 年提出資料では「未固結」とされていたものが，令和 2 年提出資料では「固結」と書き換えられていたことが判明しました（**図7.1**）[3]．その他にも書き換えられた箇所が見つかり，資料の信頼性を失い審査がストップする事態となりました．

データは正しいということを前提に議論をするわけですから，そのデータは本当に正しいということをトレース，遡ることができないといけません．勝手に書き換えてしまうと，遡ろうと思っても遡ることができません．データは遡って検証できるようにしておかないといけません．データを書き換える場合は，ここはこういうふうに変えましたと注記をして「これでいいですか」と確認しないといけません．根拠があればそれでいいのです．しかし，根拠を書かずに書き換えて書類を作ってしまうと，その書類を見た人が遡ろうと思っても途中でデータがなくなるわけです．「おかしいな．遡ろうとしても遡れないぞ．データがない．どうなったんだ」，「捏造か」という話になってしまうわけです．そこはしっかり「ここはこうです」と注記

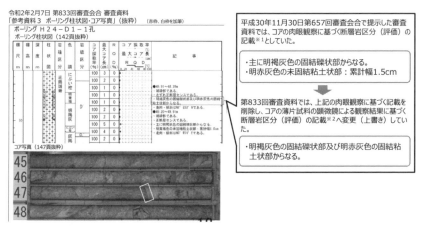

図 7.1 柱状図の書き換え[3]

を入れておけば遡ることができます．書いておけばいいのです，ただそれだけの問題です．評価を円滑に進めるためだけでなく，不正を疑われないためにもデータのトレーサビリティは非常に重要です．

7.4 定期的見直し

　設備を設計する際には，設計するための基準を作らないといけません．例えば，外部事象に対してどれほどの強度まで耐える設計とするのかを決めなければなりません．自然現象では，500 gal の地震加速度に耐えること，200 mm/時の雨量でも作業に支障がないこと，風速 100 m/秒の風に耐えることなどです．偶発的人為事象では，航空機が落ちてくるかどうか，落ちてくるとしたら航空機の機種をどうするか，近隣の工場が爆発したら何か飛んでくるか，飛んでくるとしたら何かなどです．

　自然現象は気象庁のデータなどありますが，観測記録は 100 年程度しかありません．また，地球温暖化の影響を受けて変化するかもしれません．定期的に見直すことが必要です．

　同様に，現状をもとに評価を行う偶発的人為事象（表 7.5）も定期的に見直すことが必要です．航空機については，現状の運行状況をもとに計算した落

表7.5 現状をもとに評価を行う偶発的人為事象の例

航空機落下	現状の運行状況をもとに落下確率が 10^{-7} 回／炉・年以下なら考慮しない
ダムの崩壊	現状の河川の状況で評価
プラント外での爆発	現状の危険物貯蔵施設で評価
近隣工場等の火災	現状の産業施設で評価
有毒ガス	現状の産業施設，道路，交通状況で評価
船舶の衝突	現状の航路，運用で評価

下確率が 10^{-7} 回／炉・年以下なら落下を考慮しないことにしています．しかし，10 年後に航空機の運行数が倍になっているかもしれません．状況は変わっていきます．発電所の近くの危険物が爆発しても大丈夫かという評価をする場合，今は 10 km 先にしかガスタンクがありませんからそこで爆発が起こっても影響はないと評価できます．しかし，発電所の隣の土地は誰かの土地なので，そこにいきなりガスタンクが建設されるかもしれません．隣に化学プラントができるかもしれません．そうすると，今は 10 km 先にしかないから大丈夫だと評価していましたが，隣に化学プラントができて，評価すると何か飛んでくるかもしれないと評価結果が変わります．自然現象や周辺の産業，周辺の住宅も次々と変わっていきます．外部の環境は変化する可能性があるため，定期的に見直して，必要があれば対策をとらなければなりません．

参照文献

1) 原子力安全委員会．発電用原子炉施設に関する耐震設計審査指針．2006.
2) 原子力安全・保安院．実用発電用原子炉施設への航空機落下確率の評価基準について．2002.
3) 日本原子力発電株式会社．敦賀発電所 2 号炉ボーリング柱状図の記事欄に係る不適合に対する原因分析・是正措置等について．2020 年 11 月 30 日．

第8章

重　要　度

8.1　重 要 度 分 類

　原子力発電所では危険な放射性物質を扱っています．だからと言って，全ての設備や建物に最高の品質や強度が求められるわけではありません．まず，全ての設備や建物に，一般の産業施設と同等の信頼性や頑健性が求められるのは当然です．その上で，放射性物質を扱っているという観点で安全上重要なものには，一般の産業施設より高い信頼性や頑健性を求めます．重要さの程度を**重要度**といいます．

(1) 安全重要度

①　安全機能の性質

　原子炉では核分裂反応が行われ，大量の核分裂生成物が存在し，高温・高圧の状態です．もし，水が漏れれば事故になります．原子炉圧力容器やそれに繋がる配管には水を漏らさない機能が必要です．水の漏洩など異常の発生を防止する機能を有するものを，**異常発生防止系**（PS: Prevention System）といいます．

　原子炉圧力容器に繋がる配管から水が漏れれば，原子炉を緊急に停止し，注水により冷却する機能を有する機器が必要です．異常が発生した場合には事故に拡大するのを防止し，事故が発生した場合にはその影響を緩和する機能を有するものを，**異常影響緩和系**（MS: Mitigation System）といいます．

②　安全機能の重要度

　最も安全上重要度が高い**クラス1構築物，系統及び機器**（SSC: Structure, System and Component）は，異常の発生を防止する観点では，損傷や故障により炉心の著しい損傷または燃料の大量の破損を引き起こすおそれのあるSSC（PS-1）です．例えば，原子炉圧力容器，燃料集合体などです（**表8.1.**

図 8.1）．事故の影響を緩和する観点では，原子炉を緊急に停止し，残留熱を除去し，原子炉冷却材圧力バウンダリの過圧を防止し，敷地周辺公衆への過度の放射線の影響を防止する SSC（**MS-1**）です．例えば，制御棒，非常用炉心冷却装置などです．

次に安全上重要度が高い**クラス 2SSC** は，異常の発生を防止する観点では，損傷や故障により炉心の著しい損傷または燃料の大量の破損を直ちに引き起こすおそれはなくとも，敷地外へ過度の放射性物質を放出する可能性がある SSC（**PS-2**）です．例えば，加圧器安全弁の吹き止まり機能，原子炉冷却水を浄化する系統や使用済燃料プールなどです．事故の影響を緩和する観点では，PS-2 の損傷や故障により敷地周辺公衆に与える放射線の影響を十分小さくする SSC（**MS-2**）です．例えば，加圧器逃し弁の手動開閉機能，使用済燃料プールへの水補給ラインなどです．

安全機能を有する SSC で，クラス 1 にもクラス 2 にも属さないものを**クラス 3SSC** といいます．異常の発生を防止する SSC（**PS-3**）と事故の影響を緩和する SSC（**MS-3**）があります．

③　**重要度に応じた信頼性**

重要度の高い SSC には，高い信頼性が必要です．クラス 1SSC には合理的に達成し得る最高度の信頼性，クラス 2SSC には高度の信頼性，クラス 3SSC には一般の産業施設と同等以上の信頼性を確保・維持することが必要です．

(2) 耐震重要度

地震によって設備や建屋が損傷すると，事故が発生したり，事故の影響を緩和する機能が失われたりして，放射性物質が放出され，公衆に放射線の影響を与える可能性があります．地震が誘因する設備や建屋の損傷による公衆への放射線影響の大きさに応じて，設備や建屋の地震に対する重要度（**耐震重要度**）が異なります．最も高い重要度のものは**Sクラス**，次に**Bクラス**，**Cクラス**となります（以前は，As クラスと A クラスに分かれていましたが，S クラスに統合されました）．S クラスは安全機能が喪失した場合における公衆への放射線影響が大きい施設です．B クラスは S クラスに比べ影響が小さい施設，C クラスは一般産業施設または公共施設と同等の安全性が要求される施設です（表 8.2）．

8.1 重要度分類

表8.1 安全上の機能別重要度分類に係る定義と機能 [1]

	異常発生防止系 （PS）	異常影響緩和系 （MS）
クラス1	その損傷又は故障により発生する事象によって， (a) 炉心の著しい損傷，又は (b) 燃料の大量の破損 を引き起こすおそれのある SSC ・原子炉冷却材圧力バウンダリ機能 ・過剰反応度の印加防止機能 ・炉心形状の維持機能	1) 異常状態発生時に原子炉を緊急に停止し，残留熱を除去し，原子炉冷却材圧力バウンダリの過圧を防止し，敷地周辺公衆への過度の放射線の影響を防止する SSC ・原子炉の緊急停止機能 ・未臨界維持機能 ・原子炉冷却材圧力バウンダリの過圧防止機能 ・原子炉停止後の除熱機能 ・炉心冷却機能 ・放射性物質の閉じ込め機能，放射線の遮へい及び放出低減機能 2) 安全上必須なその他の SSC ・工学的安全施設及び原子炉停止系への作動信号の発生機能 ・安全上特に重要な関連機能
クラス2	1) その損傷又は故障により発生する事象によって，炉心の著しい損傷又は燃料の大量の破損を直ちに引き起こすおそれはないが，敷地外への過度の放射性物質の放出のおそれのある SSC ・原子炉冷却材を内蔵する機能 ・原子炉冷却材圧力バウンダリに直接接続されていないものであって，放射性物質を貯蔵する機能 ・燃料を安全に取り扱う機能 2) 通常運転時及び運転時の異常な過渡変化時に作動を要求されるものであって，その故障により，炉心冷却が損なわれる可能性の高い SSC ・安全弁及び逃がし弁の吹き止まり機能	1) PS-2 の構築物，系統及び機器の損傷又は故障により敷地周辺公衆に与える放射線の影響を十分小さくするようにする SSC ・燃料プール水の補給機能 ・放射性物質放出の防止機能 2) 異常状態への対応上特に重要な SSC ・事故時のプラント状態の把握機能 ・異常状態の緩和機能 ・制御室外からの安全停止機能
クラス3	1) 異常状態の起因事象となるものであって，PS-1 及び PS-2 以外の SSC ・原子炉冷却材保持機能（PS-1, PS-2 以外のもの） ・原子炉冷却材の循環機能 ・放射性物質の貯蔵機能 ・電源供給機能（非常用を除く.） ・プラント計測・制御機能（安全保護機能を除く.） ・プラント運転補助機能 2) 原子炉冷却材中放射性物質濃度を通常運転に支障のない程度に低く抑える SSC ・核分裂生成物の原子炉冷却材中への放散防止機能 ・原子炉冷却材の浄化機能	1) 運転時の異常な過渡変化があっても，MS-1, MS-2 とあいまって，事象を緩和する SSC ・原子炉圧力の上昇の緩和機能 ・出力上昇の抑制機能 ・原子炉冷却材の補給機能 2) 異常状態への対応上特に重要な SSC ・緊急時対策上重要なもの及び異常状態の把握機能

78　　　　　　　　　　　第8章　重　要　度

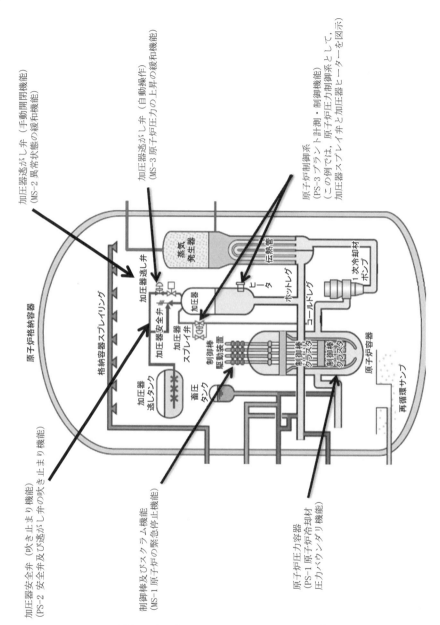

図8.1　加圧水型原子炉における重要度分類の例[2)]
原子力規制委員会「実用発電用原子炉に係る新規制基準の考え方について」に加筆

表 8.2 耐震重要度の定義と設備例 [2]

クラス	定義と設備例
S	安全機能が喪失した場合における公衆への放射線影響が大きい施設 ・ 放射性物質を内蔵している原子炉圧力容器 ・ 原子炉を停止する制御棒やその駆動ユニット ・ 事故後の炉心を冷却する余熱除去ポンプやその配管 ・ 放射性物質の拡散を直接防ぐ原子炉格納容器 ・ 使用済燃料プールやその水補給設備 ・ 津波から防護する防潮堤
B	安全機能が喪失した場合における公衆への放射線影響がSクラス施設と比べ小さい施設 ・ 放射性廃棄物を内蔵している液体廃棄物処理設備 ・ 使用済燃料を冷却する使用済燃料ピット水冷却系
C	Sクラス，Bクラス以外で，一般産業施設又は公共施設と同等の安全性が要求される施設 ・ 冷却水の水質を調査するための設備 ・ 発電所外へ送電する電気を発生させるための発電機

耐震重要度が高い設備・施設ほど，強い地震に耐えなければなりません.

8.2 等級別扱い

前節では個々の設備や施設の異常の発生を防止する上での重要度，事故が発生した場合に影響を緩和する上での重要度，地震が発生した場合の影響での重要度について説明しました.

また，原子炉の出力の大きさで防災対策が異なります. 出力の小さい試験炉では事故が発生しても周辺公衆への影響が限られているため，原子力発電所とは規制において扱いが異なります.

広い意味で原子力施設全体や個々の設備を，その特性（異常の発生の可能性，事故影響緩和での重要性，放射性物質の特性など）や周辺公衆の被ばくの大きさと可能性の観点から等級（Grade）を決め，等級に応じた異なる規制内容や水準を求めることを**等級別扱い（グレーデッド・アプローチ，Graded Approach）**といいます [3].

例えば，放射性廃棄物貯蔵庫について，貯蔵庫が破損した場合において発電所（周辺監視区域）外での実効線量が年間 1 mSv を十分に下回る場合は C クラス，それ以外は B クラスになります. C クラスの貯蔵庫は一般建築物と同等の耐震性が求められ，B クラスの貯蔵庫は水平に静的に加わる地震力では C

クラスの 1.5 倍で設計されます.

原子力施設では，一般の産業施設と同等の安全性や耐震性などを最低基準として求めた上で，放射性物質を扱うことから，等級のより高い（例えば，公衆の被ばくがより大きいものを高いと表現します）ものには，より厳しい基準が求められます.

8.3 頻度と判断基準

日本国内で 2023 年に発生した地震の回数は，震度 1 が 1479 回，震度 2 が 561 回，震度 3 が 156 回，震度 4 が 33 回，震度 5 が 7 回，震度 6 が 1 回でした. 小さな地震の発生頻度は高く，大きな地震の発生頻度は低くなっています[4].

日本国内で 2003 年度から 2023 年度に発生した原子力発電所の事故・トラブルの回数は，国際原子力・放射線事象評価尺度（INES: International Nuclear and Radiological Event Scale. 表 1.1）による評価でレベル 0 は 148 件，レベル 1 は 15 件，レベル 2 は 1 件，レベル 3 は 3 件，レベル 7 は 1 件でした[5]. 小さなトラブルの発生頻度は高く，大きな事故の発生頻度は低くなっています. また，労働災害分野での経験則ですが，1 件の重大事故に対して 29 件の軽微な事故と 300 件のヒヤリハットが存在すると言われています（ハインリッヒの法則）. おおよそですが，原子力発電所では，運転時の異常な過渡変化の発生頻度は 10^{-2}／年以上，設計基準事故は 10^{-3}／年程度，重大事故は 10^{-4}／年程度と考えられます.

頻度の高いトラブルへの対策と頻度の低い重大事故への対策において，要求される対策の信頼性や保守性は異なってきます. 年に数回起こるかもしれないトラブルであれば，対策によって通常状態に戻らなければなりません. このため，評価にあたっては大きな保守性を持たせ，高い信頼性が求められます. 安全解析において保守的な想定をおいたり，強度評価を弾性の範囲で行ったりします. 例えば，外部電源の喪失は，高い頻度で起こるため運転時の異常な過渡変化に位置付けられ，燃料は破損に至らず，通常運転に復帰できることが求められます.

発生頻度が運転時の異常な過渡変化より少し低い設計基準事故では，炉心の

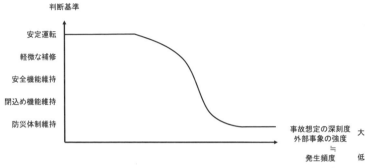

図 8.2　事故想定の深刻度・外部事象の強度と判断基準の関係（イメージ）

著しい損傷が発生するおそれがないことが求められます．燃料が破損に至らないこと，通常運転に復帰できることは求められません．

非常に頻度が低い重大事故では，すでに炉心は溶けているので通常状態には戻れません．格納容器の強度を弾性の範囲で評価する必要はなく，破断さえしなければ放射性物質を閉じ込めることができます．また，安全解析は，現実的な想定の下，不確かさを考慮した感度解析が行われます．

事故想定の深刻度や外部事象の強度は，おおよそ発生頻度に言い換えられます．発生頻度が高い軽微なトラブルに対しては，安定運転が続けられる対策が必要です．少し頻度が高い異常に対しては軽微な補修で通常運転に戻れる対策が必要です．頻度は低いが事故となれば設備の安全機能が維持される必要があります．炉心が溶けるような重大事故では，閉じ込め機能だけは維持しなければいけません．さらに厳しい状態においては設計の想定を超えていますが，防災体制を維持し可搬型設備（例：電源車や消防ポンプ車）などを活用して柔軟に対応することが求められます（図8.2）．

8.4　重要設備と大きな不確かさをもつ自然現象

新しい構造の設備の強度評価において，不確かさが大きければ，実験を何度も実施して精度を高めることができます．他方，自然現象では実験を行うことは難しく，データを増やすには長い年月が必要となります．ただし，データの

変動が大きくなければ，過去最大値に若干の保守性を加えた値で評価し，定期的に見直す方法がとれます．

大きな不確かさをもつ自然現象で，重要設備が機能を喪失することが懸念された場合には，自然現象の不確かさを減らすことにはこだわらず，重要設備が機能を喪失したとして対策を考えることが肝要です．

(1) 非常用発電機と大気中火山灰濃度

大気中の火山灰濃度をどう考えれば良いかという問題がありました．大気中の火山灰濃度が高くなると非常用発電機の吸気口フィルターが詰まり使えなくなる可能性があります．非常用発電機の安全重要度は最高のMS-1です．大気中の火山灰濃度を保守的に想定した上で，目詰まりしない設計が必要です．しかし，実測データは海外の特定の火山からの火山灰を特定の位置・風向・風速で計測したデータしかなく，参考にできる程度です．日本の火山が大噴火をしたとしてシミュレーションもしますが，大きな不確かさは残ります．第4章でも説明しましたが，原子力発電所の設計・運営する人は図8.3の矢印Bの方向に沿って考えてしまう傾向があるため，火山灰で非常用発電機が使えないという異常を起こさないよう，まず大気中の火山灰濃度を想定したいのですが，難しくてそこで立ち止まってしまいます．

他方，周辺住民や規制側にとっては，周辺住民の過度の放射線被ばくが最もあってはならないことであって，矢印Aに沿って考えます．異常やミスを起こさないことより事故を起こさないことのほうが優先度が高くなります．火山灰で非常用発電機が使えなくなっても，事故にならないように追加対策を考え

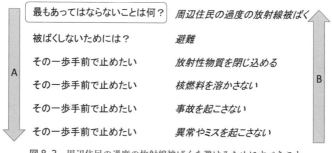

図8.3　周辺住民の過度の放射線被ばくを避けるためにすべきこと

8.4 重要設備と大きな不確かさをもつ自然現象 83

てください，となります．この場合では，全交流動力電源喪失対策の応用となります．

(2) 福島第一原子力発電所と津波

東京電力は，政府の「三陸沖から房総沖にかけての地震活動の長期評価について」及び政府からの耐震安全性の評価を実施するようにとの指示を受けて，津波の評価を関連会社に委託しました．2008年4月頃，東京電力は，敷地が浸水するとの試算結果を得ました（「1.2（3）福島第一原子力発電所事故」参照）．

たしかに，この試算結果には大きな不確かさがあったでしょう．他方，敷地が浸水すれば多くの重要設備が安全上の機能を喪失することが懸念されます．敷地の浸水という異常を発生させないことから考えれば，まず津波の想定が必要となり，次に防潮堤の建設には多額の費用と数年の建設期間が必要になります．

当時の東京電力は，直ちに対策を講ずるのではなく，土木学会に長期評価についての研究を委託することとして，当面の検討を終えました [6]．津波の想定のところで立ち止まってしまいました．

もし，図8.3の矢印Aに沿って考えていれば，放射性物質を閉じ込めるという観点で，巨大津波を想定し，放射性物質を1/100程度に減少させながら格納容器を減圧する耐圧強化ベントの利用訓練をすることになります．設備は既に設置されているので，費用も時間も大してかかりません．実際に訓練をすれば，操作にも慣れ，不具合の改善もされ，帰還困難区域を設定する必要はなかったかもしれません．

次に，核燃料を溶かさないためには，交流電源がなくとも原子炉を冷却できる，1号機では非常用復水器（IC: Isolation Condenser），2号機と3号機では蒸気駆動の原子炉隔離時冷却系（RCIC: Reactor Core Isolation Cooling system）の利用訓練をすることになります．これらも，設備は既に設置されているので，費用も時間も大してかかりません．

さらに，事故を起こさないためには，非常用発電機が浸水して使えなくなっても，高台に非常用発電機を設置しておくことです．防潮堤を建設するよりは，十分に低い費用で工事ができたでしょう．

防潮堤の建設を考えるのは最後になります．ましてや，津波の想定で時間を費やすことがあってはなりません．

このような考え方は，福島第一原子力発電所事故の大きな教訓の一つです．

参照文献

1) 原子力安全委員会．発電用軽水型原子炉施設の安全機能の重要度分類に関する審査指針．1990.

2) 原子力規制委員会．実用発電用原子炉に係る新規制基準の考え方について．2022.

3) International Atomic Energy Agency. IAEA SAFETY GLOSSARY －TERMINOLOGY USED IN NUCLEAR SAFETY AND RADIATION PROTECTION- 2018 EDITION. 2019.

4) 気象庁．震度データベース．

5) 原子力規制庁．国際原子力・放射線事象評価尺度（INES）による評価．2024.

6) 最高裁判所第二小法廷，原状回復等請求事件．令和3（受）342，2022.

第9章
決定論的安全評価

9.1 決定論とは

　これまで事故の起因事象や誘因事象を網羅的に想定し，その対策には保守性と信頼性を持たせ，さらに深層防護の考え方に基づき周辺環境への影響を起こり難くする考え方を説明しました．保守的に設備を設計製作し，設備に多重性や多様性などの信頼性を持たせれば同時に故障することは起こり難く，対策は成功するという判断です．このような対策が成功し決められた1本の**事故シナリオ**どおりに進むという考え方を**決定論**といいます．

　例えば，原子炉圧力容器から冷却水が漏洩した場合の対策（図9.1）の決定論的安全評価を行ってみましょう．原子炉圧力容器に繋がっている配管には弁があり，運転中は弁が閉められています．弁に異常が発生し冷却水が漏洩すると，どんどん水位が低下し，そのまま何もしないと炉心を冷却することができず，炉心は損傷してしまいます．

　原子炉圧力容器内に設置された炉心の損傷を防止するために，まず水位計で水位が低下していることを検知します．水位低下を検知すれば，制御棒を挿入

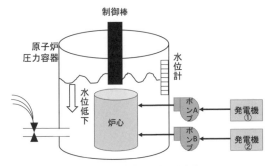

図9.1　原子炉冷却水漏洩事故

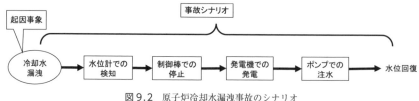

図9.2 原子炉冷却水漏洩事故のシナリオ

して原子炉を停止し，発電機を起動してから，ポンプを起動し原子炉圧力容器に注水し，原子炉圧力容器内の水位は回復します（図9.2）．水位回復により燃料棒の温度上昇を低く抑えられれば，炉心の損傷を防止できます．発電機とポンプは2系列設置されており，共通要因故障対策などは取られており信頼性は高く，設備は作動すると判断します．水位計なども同様です．

9.2 安 全 評 価

(1) 保守的な想定

まず，安全評価の条件を保守的に想定します．例えば，弁からの冷却水の漏洩量が何 m^3／分かを想定します．直径1mm相当の穴から $1m^3$／分で漏洩するのか，直径2mm相当の穴から $4m^3$／分で漏洩するのか決めるのは難しいです．このような場合は，弁が配管からすっぽり外れたと想定します．直径10mmの配管から $100m^3$／分で漏洩すると想定しておけば，どのような漏洩形態であっても包絡することができます．注水するタンクの水温は，燃料棒の温度評価に影響を与えます．タンクの水温は冬と夏では異なりますが，燃料棒が冷えにくい夏の水温よりさらに高めに想定します．

また，制御棒の挿入には時間がかかります．ここでは悪条件で時間がかかる場合の挿入時間を使います．例えば，地震が冷却水漏洩を誘因したとすれば，制御棒も揺れて他の部材と接触しながら挿入されるので摩擦により挿入時間が長くなります．ポンプでは実際に注水できる最大値ではなく，設計値（定格値）を用います．

(2) 解析ソフトの検証と妥当性確認

想定した条件を解析ソフトに入力すると，原子炉内の水位や燃料棒の温度な

どの推移が出力されます．初めて解析ソフトを使う人にとっては，解析ソフトはブラックボックスです．この計算結果をそのまま信じてはいけません．まず，解析ソフトを使う前に，解析ソフトの**検証と妥当性確認**（V&V: Verification & Validation）が必要です．また，これに基づく適用範囲と不確かさの確認もしなければなりません．

検証とは，ある現象を数学モデルで表現し，コンピューターが扱える数値計算モデル（例えば，差分式）にした上で，適切にプログラミングされていることを確認することです．

妥当性確認とは，解析結果と，実験結果や手計算の結果を比較して，利用目的に応じて解析結果が許容範囲であることを確認することです[1]．

例えば，高所からの落下物が何秒で地上に衝突するかを計算する解析ソフトを開発するとします（**図9.3**）．現象としては，物が重力によって落ちることです．数学モデルは，ニュートンの第二法則，速度は加速度の積分，位置は速度の積分となります．数値計算モデルは，積分を差分式にしています．これをプログラミングして，位置が高さ h 以上になった時間を落下時間として出力します．検証として，物理法則の適用，差分式への変換，プログラミングが間違っていないかを確認します．

次に，物を落とす実験をします．高さ 10 m，100 m，10,000 m から，鋼鉄製

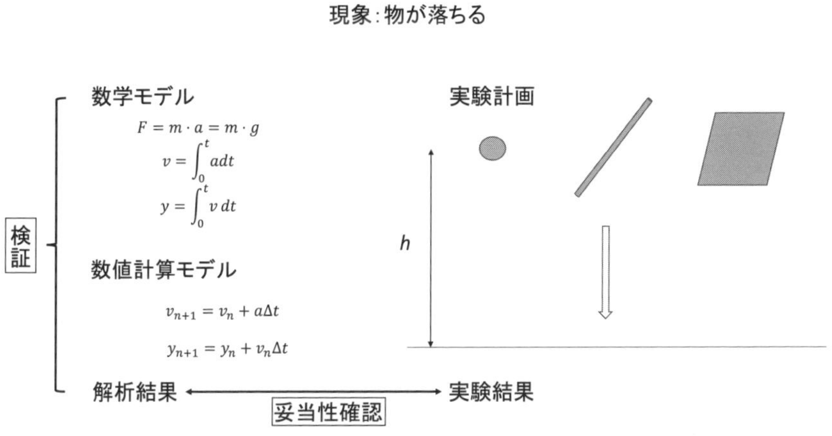

図9.3 解析ソフト開発における検証と妥当性確認

1kgの球，棒，板を落とす計画を作ります．実験では落下時間をストップウォッチで計測します．妥当性確認として，実験結果と解析結果を比較します．高さ10mと100mから，鉄球と鉄棒を落下させる解析結果と実験結果は概ね一致しましたが，その他は大きく異なりました．鉄板は高さ10mからでも風に流され，高さ10,000mからでは全て偏西風に流されてしまいました．また，数値計算モデルにおけるΔt（タイムステップ）を1秒にすると解析結果と実験結果の差が大きくなることが分かり，0.1秒にするとほぼ一致しました．

妥当性確認の結果から，この解析ソフトの適用範囲は，高さ100mまでの建設現場などで鉄球と鉄棒を落とした場合に限られることが分かりました．鉄板や航空機からの落下物には適用できないことが分かります．また，タイムステップは0.1秒以下にする必要があることが分かりました．適用範囲内では解析結果の不確かさは，小さいことも分かりました．

このように，解析ソフトを使う前に，検証と妥当性確認を行った上で，解析ソフトの適用範囲，適切な要素分割と時間間隔，解析結果の不確かさを確認す

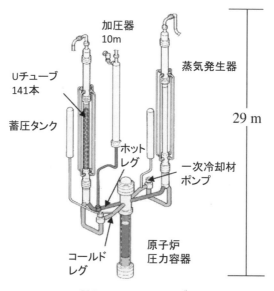

図9.4　LSTFの系統図[4]

る必要があります.

　原子力発電所の安全評価に用いられる解析コードの開発・改良のために様々な大型実験が行われてきました. 日本では日本原子力研究所（現日本原子力研究開発機構）が大型実験の中心的役割を果たしました. 1970 年から ROSA（Rig of Safety Assessment）計画のもとで, 冷却材喪失事故（LOCA: Loss of Coolant Accident）時に加熱した炉心に非常用炉心冷却系（ECCS: Emergency Core Cooling System）から冷却水を供給して核燃料を冷却する過程（**再冠水過程**）などの実験が行われています[2]. PWR プラント全体の総合的な挙動を評価するための大型非定常試験装置（LSTF: Large Scale Test Facility. **図9.4**）は, 熱出力 342 万 kW の 4 ループを模擬しており, 体積比は 1/48 に縮尺されていますが, 高さと配置は実機と同一の大型試験装置です[3].

(3) 解析結果の検討

　保守的な想定をした条件を, 検証と妥当性確認を行った解析ソフトに入力すれば, 解析結果が得られます. この解析結果も, 設備の作動状況などから定性的に説明ができるのかを確認します.

　例として, PWR において配管が中程度（約 15 cm）の破断をした冷却材喪失事故（LOCA）が発生したにもかかわらず, 高圧注入系が作動しない事故を説明します. 冷却材喪失に伴い原子炉冷却材圧力が低下し, 約 4 MPa で蓄圧注入系が自動的に作動します. 運転員が事故の状況を把握し操作する時間として, 余裕をみて 11 分をみます. 事故発生 11 分後に主蒸気逃し弁開操作による2 次冷却系強制冷却により原子炉冷却材を減圧します. 約 0.9 MPa まで減圧できれば余熱除去ポンプで低圧注入を行います.

　解析結果として, 原子炉冷却材圧力（図 9.5）, 破断口からの流量, 原子炉保有水量, 炉心水位（図 9.6）, 燃料被覆管温度（図 9.7）の推移などが出力されます. 原子炉冷却材圧力が低下する傾向, 圧力低下に伴う蓄圧注入系, 余熱除去ポンプの作動による炉心水位の上昇, 炉心水位の高低による燃料被覆管温度の上昇低下に矛盾がないかを確認します.

(4) 判断基準との比較

　各パラメータの推移に互いに矛盾がないことが確認できれば, 解析結果を「炉心は著しい損傷に至ることなく, かつ, 十分な冷却が可能であること」の

第9章 決定論的安全評価

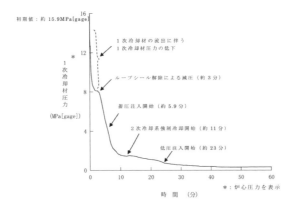

図9.5 原子炉冷却材圧力の推移[5]

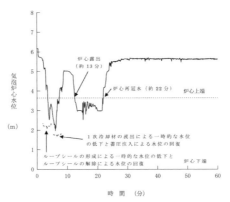

図9.6 気泡炉心水位の推移[5]

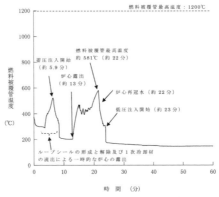

図9.7 燃料被覆管温度の推移[5]

判断基準と比較します．判断基準の一つに，「燃料被覆管の温度の計算値の最高値は，1,200℃以下であること」があります[6]．上記の例においては，解析条件を保守的に想定し，かつ計算値の最高値は581℃と1,200℃を十分に下回っているため，この判断基準を満たしていると判断します．

9.3 制約と目的にそったアプローチ

原子力発電の開発初期には，計算機の能力は低く，実験データも豊富ではありませんでした．このため，大きな保守性をもった単純な数学モデルと，プラントの初期条件や境界条件にも保守性を持たせた**保守的なアプローチ**を取らざるを得ませんでした．

原子力発電の開発が進み多くの実験研究により物理現象に関する知識が大幅に増加するとともに，コンピューターの計算能力も飛躍的に向上し，解析ソフトにおける数学モデルと数値計算モデルは精緻化されていきました．このような解析ソフトを**最良推定**（BE: Best Estimate）**コード**といいます（「最適評価」と訳されることもありますが，本書では「最良推定」とします）．プラントの初期条件や境界条件に保守性を持たせつつ，最良推定コードを用いるアプローチを**複合アプローチ**といいます．現在，複合アプローチは，運転時の異常な過渡変化や設計基準事故の安全評価に用いられることが多いです．

原子炉圧力容器内の炉心が溶けるような重大事故において，プラントの初期条件や境界条件に保守性を持たせた解析結果をもとに検討すると対応を誤る可能性もあります．例えば，プラントの初期条件や境界条件として，原子炉の出力を設計上の最高値，注水ポンプの流量を定格流量より低め，水温を屋外貯水池での過去最高値より高い50℃に想定します（保守的条件）．しかし，現実には，原子炉は設計上の最高値より低い定格出力で運転され，注水ポンプは定格流量より多い量の水を流し，建屋内プールの水温は30℃にも達しません．現実に最も起こりそうな値を**最良推定値**といいます．保守的条件での解析結果では，最良推定値のものより，格納容器破損のタイミングが早まり，過酷な事故対応作業を計画することになります．また，過酷な事故対応作業の訓練に集中していると，現実的に起こりそうな事故対応作業を誤る可能性もあります．こ

のため，最良推定値において事故対応が可能であるか評価します．その上で，不確実さはあるので，条件を少し変化させても事故対応が可能であるかを確認することが合理的です．解析コードは最良推定コードを用い，プラントの初期条件や境界条件に最良推定値を用いて判断基準を満足していることを確認した上で，さらに不確実さを含む条件を変化させて判断基準を満足しているかを検討する手法を，**最良推定値プラス不確実性**（BEPU: Best Estimate Plus Uncertainty）アプローチといいます[7]．

参照文献

1) The American Society of Mechanical Engineers. An Overview of the PTC 60/V&V 10: Guide for Verification and Validation in Computational Solid Mechanics. 2006.

2) 田坂完二，小泉安郎，村尾良夫，日本原子力研究所における LOCA/ECCS 実験研究の成果．日本原子力学会誌，第26巻．pp. 1037-1055. 1984.

3) 田坂完二，小泉安郎．ROSA-IV 計画の大型非定常試験装置（LSTF）における実験の開始．日本原子力学会誌，第29巻，pp. 18-30. 1987.

4) Takeshi TAKEDA. Data Report of ROSA/LSTF Experiment TR-LF-15. JAEA, 2023.

5) 関西電力．大飯発電所発電用原子炉設置許可申請書．pp. 10-7-258. 2021.

6) 原子力安全委員会．発電用軽水型原子炉施設の安全評価に関する審査指針．1990.

7) INTERNATIONAL ATOMIC ENERGY AGENCY. DETERMINISTIC SAFETY ANALYSIS FOR NUCLEAR POWER PLANTS. IAEA SAFETY STANDARDS SERIES No. SSG-2 (Rev. 1). 2019.

第 10 章
確率論的リスク評価

10.1 確　率　論

　前章では，保守的に設備を設計製作し，設備に多重性や多様性などの信頼性を持たせれば同時に故障することは起こり難く，対策は成功し決められた 1 本のシナリオどおりに進むという**決定論**について説明しました．

　しかし，発電機が 2 台同時に起動失敗する確率はゼロではありません．ポンプの起動失敗確率を f_P，発電機の起動失敗確率を f_G とすれば，図 10.1 の注水システムの失敗確率 f_S は

$$f_S = f_P{}^2 + f_G{}^2 - f_P{}^2 \cdot f_G{}^2$$

となります．仮に，$f_P = 0.1, f_G = 0.05$ とすれば，$f_S = 0.012475$ です．

　安全性向上対策予算 10 億円が認められ，たまたまポンプを 1 台増設する費用も発電機を 1 台増設する費用も 10 億円だった場合に，どちらを増設しますか．決定論では，同じ投資額でどちらがより高い安全性が得られるかという答えを教えてくれません．単一故障基準を二重故障基準にした場合は，ポンプも発電機も両方増設しなければならず，予算が足りません．では，ポンプを 1 台増設した場合と発電機を 1 台増設した場合の注水システムの失敗確率を比べてみましょう（図 10.2）．

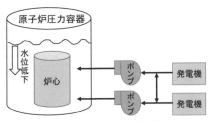

図 10.1　原子炉圧力容器への注水システム

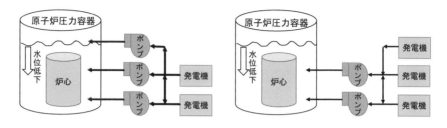

a) ポンプ1台増設　　　　　b) 発電機1台増設

図10.2　原子炉圧力容器への注水システムの安全性向上対策

①ポンプを1台増設した場合の注水システムの失敗確率
$$f_{Sa} = f_P^3 + f_G^2 - f_P^3 \cdot f_G^2 = 0.003498$$
②発電機を1台増設した場合の注水システムの失敗確率
$$f_{Sb} = f_P^2 + f_G^3 - f_P^2 \cdot f_G^3 = 0.010124$$

ポンプを1台増設した方が，発電機を1台増設するより失敗確率が大幅に低下するのが分かります．

このように対策には成功も失敗もあり，各々に確率を与え，リスクを確率で定量的に評価する手法を**確率論的リスク評価**（PRA：Probabilistic Risk Assessment）といいます．確率論的リスク評価では，次に詳しく説明しますが，各設備の起動成功と失敗を全て組み合わせ，事故の進展を網羅的かつ体系的に検討することができます．1本の事故シナリオだけで対策を考えるのではなく，全ての組み合わせを検討します．このため，想定漏れ，想定外が起こりにくくなります．また，前述のとおり，リスクを定量的に評価できるため，効果的な安全対策を立案することができます．

10.2　イベント・ツリーとフォールト・ツリー

(1) イベント・ツリー

原子炉圧力容器から冷却水が漏洩した場合の対策（図10.3）の確率論的リスク評価を行ってみましょう．原子炉圧力容器に繋がっている配管には弁があり，運転中は弁が閉められています．弁に異常が発生し冷却水が漏洩すると，

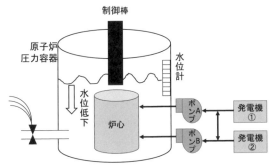

図10.3 原子炉冷却水漏洩事故

どんどん水位が低下し，そのまま何もしないと炉心が冷却されず炉心が損傷してしまいます．

炉心損傷を防止するために，まず水位計で水位が低下していることを検知します．水位低下を検知すれば，制御棒を挿入して原子炉を停止します．次に，発電機を起動してから，ポンプを起動し原子炉圧力容器に注水します．原子炉圧力容器内の水位は回復し，炉心損傷を防止できます．発電機とポンプは2台ずつ設置されており，まず発電機①の起動を試み，失敗すれば発電機②の起動を試みます．同様に，まずポンプAの起動を試み，失敗すればポンプBの起動を試みます．この操作手順を樹形図で表わしたものが図10.4です．水位計による水位低下の検知などの出来事（イベント）を樹形図（ツリー）で表しているので，**イベント・ツリー**といいます．

起因事象は冷却水漏洩です．起因事象から設備の成功・失敗の流れを**事故シーケンス**といいます．炉心損傷の防止に成功したかどうかの基準（**成功基準**）は，水位回復にしています．

冷却水漏洩は偶発的に1回/年の**頻度**で発生します（解説しやすい数字にしています．以降同じ）．水位計が水位低下の検知に失敗する**確率**を0.1とします．水位低下が検知されないと，何もしないので，そのまま水位が低下し，炉心が冷やされず炉心損傷となります．この場合の炉心損傷頻度は，1回/年×0.1 = 0.1回/年となります（図10.4の一番下のライン）．炉心損傷を防止できる例としては，水位低下を水位計で検知し，制御棒を挿入し原子炉を停止

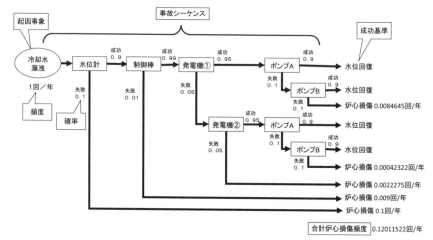

図 10.4 冷却水漏洩事故のイベント・ツリー

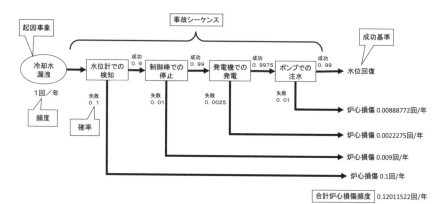

図 10.5 単純化した冷却水漏洩事故のイベント・ツリー

し，発電機①が起動したが，ポンプ A の起動に失敗し，ポンプ B が起動でき水位が回復したラインがあります（図 10.4 の上から 2 番目）．図 10.4 では，9 本の事故シーケンスが表されています．5 本の事故シーケンスで炉心損傷となっており，これらの**合計炉心損傷頻度**は 0.12011522 回/年となります．

図 10.4 では，かなり簡略化して 9 本の事故シーケンスですが，実際には発電機の起動に失敗する原因は起動スイッチの押し間違え，自動起動スイッチの

接触不良，燃料油切れ，燃料タンク出口弁が開かない，軸固着などと多く存在し，それらを全て樹形図に埋め込むと数千本の事故シーケンスとなり分析が困難となります．このため，分析しやすいように機能でまとめることをします．例えば，発電機による発電，ポンプによる注水とまとめて単純化します（図10.5）．これによって，だいぶ見やすくなりました．当然のことながら，単純化する前後で合計炉心損傷頻度は同じです．

(2) フォールト・ツリー

イベント・ツリーは安全に関する機能ごとにまとめて単純化しましたが，失敗する原因・要因をどんどん遡って樹形図で整理したものをフォールト・ツリーといいます（図10.6）．発電機での発電に失敗するのは，発電機①と発電機②が両方とも発電に失敗する場合です．図中ではANDゲートで枝分かれしています．発電機②で，起動に失敗するか，燃料供給に失敗するか，軸が固着するか，どれか失敗すれば発電に失敗するのでORゲートで枝分かれしています．起動失敗は，さらに自動起動失敗と手動起動失敗にANDゲートで枝分かれしています．手動起動失敗のように，原因・要因をこれ以上遡らない事象を**基本事象**といいます．基本事象以外は，**中間事象**といいます．基本事象の失敗確率は，これまでの検査や試験などのデータを収集し推定します．こんどは逆に，中間事象の失敗確率をツリーを上に向かって進みながら計算します．

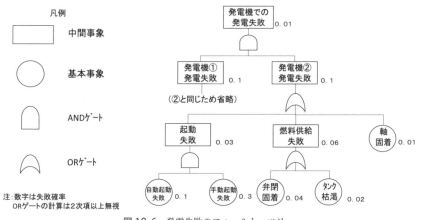

図10.6　発電失敗のフォールト・ツリー
注：数字は失敗確率．ORゲートの計算は2次項以上無視

AND ゲートを上に進む場合は失敗確率の積に，OR ゲートの場合は和（2次項以上を無視した簡略計算）になります．例えば，起動失敗の確率は，自動起動失敗の確率と手動起動失敗の確率の積となります．燃料供給失敗の確率は，弁閉固着の確率とタンクの燃料枯渇の確率の和となります．一番上まで計算を続け，発電機での発電失敗確率は 0.01 となります．

10.3 様々な確率論的リスク評価

リスクとは，危害の大きさと発生頻度の積です．「10.2 イベント・ツリーとフォールト・ツリー」では，危害の大きさを炉心損傷のみにして説明しました．炉心損傷からさらに事故が進展すると，格納容器の破損，核分裂生成物の大量放出，公衆の放射線被ばくによる健康被害に至ります．炉心損傷の発生頻度を評価する確率論的リスク評価をレベル 1 PRA，格納容器の破損の発生頻度を評価する確率論的リスク評価をレベル 1.5 PRA，核分裂生成物の大量放出の発生頻度を評価する確率論的リスク評価をレベル 2 PRA，公衆の放射線被ばくによる健康被害の発生頻度を評価する確率論的リスク評価をレベル 3 PRA といいます．

また，起因事象や誘因事象には様々なものがあります（表 7.1）が，設備故障や事故，操作ミスなどの内部事象を起因事象とする確率論的リスク評価を内部事象 PRA といいます．誘因事象ごとに，地震 PRA，津波 PRA，内部火災PRA，内部溢水 PRA などがあります．

さらに，原子炉が運転中と停止中では設備の状態が全くことなるため，確率論的リスク評価においても運転中 PRA と停止時 PRA に区別しています．使用済燃料プールを対象とした SF プール PRA，複数の原子炉が設置されている発電所を対象として複数基立地 PRA もあります．

10.4 確率論的リスク評価の有用性と限界

(1) 有 用 性

「10.1 確率論」において説明したように，確率論的リスク評価はリスクを

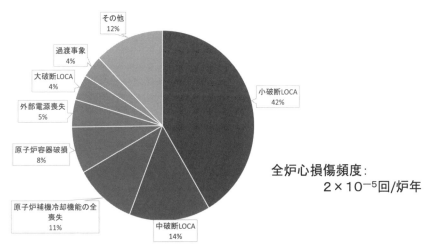

図 10.7　起因事象別の全炉心損傷頻度への寄与割合

定量的に評価することが可能であるため，追加の安全対策の効果を定量的に比較することが可能となります．

また，計算結果を整理することによって，有用な情報を与えてくれます．図10.7は，仮想的な原子力発電所について，起因事象別に全炉心損傷頻度への寄与割合を表した円グラフです．小破断LOCA（Loss of Coolant Accident: 冷却材喪失事故）が42％と最も大きな割合を占めています．すなわち，この円グラフは小破断LOCAの発生を防止する対策を優先的に検討すべきと教えてくれています．

さらに，故障やトラブルが発生したとき，その故障やトラブルにより全炉心損傷頻度がどれだけ増加したかを確率論的に評価することによって，その深刻度が分かります．

確率論的リスク評価は，複数の安全対策，複数の起因事象，複数の故障などを相対的に比較する場合に非常に有用なツールです．

(2) 限　　界

確率論的リスク評価を，内部事象，すなわち，機械が偶発的に故障する，運転員が偶発的にミスをするという範囲で行う（内部事象PRA）ならば，運転経験を積み重ねたり，実験をするなどしてデータを充実させることができま

す．ポンプの故障率は毎年世界中の原子力発電所の運転経験や検査結果が追加され充実し精度が高まっていきます．

　他方，日本では外部事象（地震や津波など）が誘因となり起因事象が発生し炉心損傷に繋がる事故の確率論的リスク評価（**外部事象 PRA**）による炉心損傷頻度のほうが，内部事象のみによる炉心損傷頻度より大きいとみられています．しかし，外部事象のデータというものは数十年では十分に積み重ねることができません．特に地震は，それが起きなければ正確なデータを取得することができません．ある断層が動く時間間隔の平均が 300 年なのか，500 年なのか，700 年なのか分かりません．ある程度の精度で平均間隔を求めようとすると，この断層を数千年は観測しなければならないでしょう．仕方がないので，確率が分からないときには等分するというルールが使われています．さすがに等分ではなく，両端は確率が低いと思えば，300 年になる確率を 25％，500 年になる確率を 50％，700 年になる確率を 25％ というふうにみなします．自然現象はこういう割り切った仮定を置くしかないのです．

　このように割り切った仮定に基づいて，計算ソフトは，ハザード曲線（外部事象の大きさを横軸，発生頻度を縦軸にしたグラフ）を描くことはします．しかし，コンピューターで計算する場合，自分の考えたモデルとおりに計算機が計算してくれるという**検証**はできますが，計算結果が自然現象の観測結果とか実験結果と合っていますという**妥当性確認**ができません（「**9.2（2）解析ソフトの検証と妥当性確認**」参照）．この断層モデルが正しいですか，では実験しましょうといって実験はできませんし，観測しましょうといっても 100 万年観測しますかという話になってしまって，できないということです．そのため妥当性確認は非常に難しいです．

　この確率論的リスク評価というのは数字だけ，結果だけを見て，何か確率を計算している，確率的に判断できると考えてはいけません．実際の計算の仕方というのはこのように思い切った割り切りをしているものなので，科学的・技術的判断には細心の注意が必要です．

10.5 安全目標・性能目標と継続的改善

「2.5 安全目標」,「4.5 性能目標」で説明しましたが,規制側の安全目標から導かれた性能目標は以下のとおりです.

- ・炉心損傷頻度: 10^{-4} / 年程度
- ・格納容器機能喪失頻度: 10^{-5} / 年程度
- ・セシウム - 137 の放出量が 100 TBq を超えるような事故の発生頻度: 10^{-6} / 炉年程度(テロ等によるものを除く)

前述のように確率論的リスク評価には限界があるため,評価結果が上記の数字を満たしているからと言って,原子力発電所の自然環境や設計の許可という規制上の判断を行うことはできません.他方,トラブルや事故の深刻度を評価するには有用です.

では,確率論的リスク評価は,自然環境や設計に関する規制の中でどういう位置づけになっているのでしょうか.

規制を行うため,国は規則で「こういう事故を考えてください」というものを決めなければいけません.国には,大体こういう事故が起こるとどうなるという研究成果が蓄積されています.また,イベント・ツリー解析によって,想定される起因事象に対して炉心損傷に至る可能性のある事故シーケンスを把握しています.しかし,全部の事故シーケンスに対策を求めるのは大変なので,例えば発電機が1台故障して停電になるのと2台故障して停電になるのも同じですから,停電は停電である程度グループ化(**事故シーケンスグループ**)します.規則では,類型化された事故シーケンスグループ(**図10.8**中 ABC)に対して対策を要求します[1].

他方,発電所ごとにプラント構成に違うところがあります.想定する自然現象も違います.このため,個別のプラントごとに確率論的リスク評価を行うことを要求しています.そうすると国が指定している事故シーケンスグループに含まれない事故シーケンスが見つかることもあります(**図10.8**中 D).これらを全部足し合わせて事故シーケンスグループ群(**図10.8**中 ABCD)に対して,どのように事故を収束させるのかのシナリオと,そのハード面・ソフト

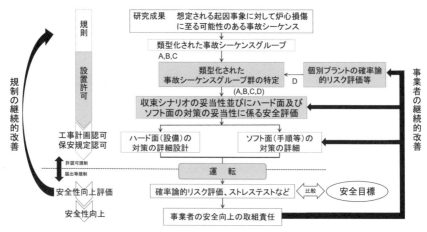

図 10.8 確率論的リスク評価（PRA）の位置づけ

面で安全評価を求めます．例えば，毎時 500 トンの水を注入すれば大丈夫で，一人で操作できるという評価をします．次に設備の詳細設計として，毎時 500 トンの水を送るというポンプはどのような出力特性が必要かというハード面，詳細な操作をどのようするのかというソフト面，両方を評価して，検査にも合格すれば運転開始可能になります．

　ここまでは，規制側の手続きにおいて，確率論的リスク評価が直接的な規制側の判断には用いられていません．事業者は個別プラントの確率論的リスク評価を実施します．イベント・ツリーの作成や事故シーケンスの特定を行ったうえで，ある程度頻度が高い事故シーケンスや事故の影響が大きい事故シーケンスは追加するという判断がなされます．

　設備が全部そろって，運転が始まって1年程度運転した後で，事業者は**安全性向上評価**として確率論的リスク評価やストレステストなどを行います．安全目標・性能目標と比較して，少し数字がよくないということになれば，それが規則の問題なのか，事業者の問題なのかということはあるかもしれませんが，規則の内容が少し足りないと思えば，規制側が規則を修正し継続的に改善していきます．事業者には安全性向上に取り組まないといけないという責任があります．確率論的リスク評価を実施し，この設備を改良すればリスクが低下するということが分かれば，継続的改善として対策に取り組む義務があります．確

率論的リスク評価は，このような使い方をしています.

　規制側はこういう規則を作っておけば大体安全目標は満足できるだろうと思っているわけですが，運転した後で実際にどうだったのかを事業者に報告させ，概ね問題ないということであれば規則は変わりません. 他方，事業者は概ね問題ないと満足するのではなく安全性を向上させる義務があります. 事業者に継続的改善に向けた意思と実行を促すために安全性向上評価は大きな役割を期待されています.

参照文献

1) 原子力安全・保安院. 発電用軽水型原子炉施設におけるシビアアクシデント対策規制の基本的考え方について（現時点での検討状況）. 2012 年 8 月 27 日.

第11章
ストレステスト

11.1　ストレステストの歴史

　決定論的安全評価においては，保守的に設備を設計製作し，設備に多重性や多様性などの信頼性を持たせれば同時に故障することは起こり難く対策は成功し決められた1本のシナリオどおりに進むと考えました．しかし，信頼性の高い設備であっても同時に故障する確率はゼロではありません．設備の同時故障などの確率を用いてリスクを評価し，より安全性を高めるために確率論的リスク評価が用いられています．ただし，地震や津波などの自然現象の発生確率を導出することは難しく，限界があります．そこで，地震や津波などの自然現象に対して，より安全性，頑健性を高めるために**ストレステスト（安全裕度評価）**が用いられます．

　ストレステストとは，設備やシステムに通常以上の過大な負荷をかけて，どこまで正常に機能するのかを評価し，機能を失ったときにどう対応すべきかを検討する手法です．

　まず，ストレステストは，2008年のリーマン・ブラザーズの破綻を契機に発生した世界金融危機（**リーマン・ショック**）後に，景気の大幅な悪化など強いストレスが発生した際に，個別の金融機関の健全性や金融システムの安定性にどのような影響が及ぶのか定量的に検証するリスク管理手法として普及しました．リーマン・ショック以前は，過去のデータをもとに一定の確率で発生することが予想される損失を計算しリスクを評価していました．しかし，リーマン・ショックでは過去のデータからは大きく外れる事態となったため，この手法の限界が露呈しました．リーマン・ショック後，欧米諸国では金融当局がストレスシナリオを作成し，その共通シナリオのもとで大規模銀行へのストレステストを一斉に実施するようになりました[1]．

情報システム分野においても，負荷（アクセス数など）を増やし，システムが不安定になり，ダウンする負荷を把握することが行われています．

原子力分野では，福島第一原子力発電所事故を受けて，欧州連合（EU）は，2011 年 3 月 25 日の首脳会議において，欧州域内の原子力発電所に対するストレステストを実施することを決定し，6 月 1 日から実施されました．日本でも，同年 7 月 11 日に，再起動の一条件として，法令では関与が求められていない原子力安全委員会の確認の下でストレステストを実施することが決定されました．このストレステストは，2013 年に設立された原子力規制委員会により廃止されました．現在では安全性向上評価の一部として実施されています[2]．

11.2 ストレステストとは

ストレステストは，安全対策を機能ごとのイベント・ツリーで表し，どの程度の自然現象の強度まで各機能が性能を維持できるか調べ，最も弱い機能を特定します．深層防護の観点からは，ある層の対策が失敗すれば次の層の対策が成功しなければなりません．このため，次の層の頑健性が，前の層の頑健性より高いのかを確認します．また，最も弱い機能の頑健性を強化すること，その機能の代替措置を用意することなど総合的な対策をとることによって，全体の安全裕度を高めることができます．実施方法を，地震を例にして，具体的に説

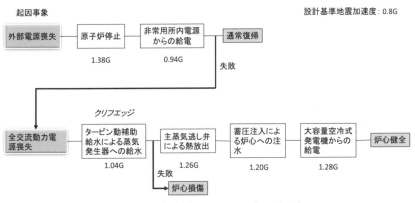

図 11.1 地震に対するクリフエッジ・シナリオ

明します.

　大きな地震が起こると，送電線は原子力発電所より地震に対しては弱いので外部電源が喪失（第Ⅱ層の運転時の異常な過渡変化）します（図11.1）．電気を送電することができないので，原子炉を停止します．非常用ディーゼル発電機など非常用の所内電源からの給電で安全設備を動かします．外部電源が復旧すれば，通常運転に復帰します．もし，非常用の所内電源からの給電に失敗すれば，全交流動力電源喪失（第Ⅲ層の事故）になります．炉心からの蒸気を駆動源とするタービン動補助給水ポンプにより蒸気発生器に給水し炉心を冷却します．蒸気発生器からの蒸気は，主蒸気逃し弁を開き放出します．炉心の圧力が下がってくれば蓄圧注入タンクから炉心へ注水されます．その後は，大容量空冷式発電機からの給電で安全設備が機能し，炉心は健全に保たれます．

(1) どこで設備は機能喪失するか

　ある原子力発電所の設計基準として用いる地震加速度（発電所直下の硬い地盤での値．以下同じ）は0.8Gだったとします．重要な安全設備は地震加速度0.8Gでは機能喪失しないよう設計します．さらに，余裕を持たせて設計するので，0.8Gより大きな地震加速度でも機能を維持します．そこで，どのくらい大きな地震加速度で設備が機能を喪失するかを評価します．

　地震加速度は地盤の揺れの加速度ですから，これが設備に伝わるまでをモデル化し，設備に加わる加速度を計算する必要があります．既に認識され，モデルの詳細度，データの不足など技術の進歩やデータの集積により将来的には小さくすることができる不確かさ（**認識論的不確実さ**）が存在します．設備がどの程度の加速度で機能を喪失するかは，設備を加振機に載せて実験をします．設備には製作上のばらつき，計測データにはノイズによるばらつきなど（**偶然的不確実さ**）があります．

　このような不確実さを考慮して，横軸を地震加速度，縦軸を機能喪失確率として曲線（**フラジリティ曲線**）を描くと，信頼度が高い曲線は左に，信頼度が低い曲線は右に描かれます（図11.2）．ストレステストにおいて，設備が機能喪失する地震加速度は，高い信頼度において，低い機能喪失確率になる値（**高信頼度低損傷確率値（HCLPF値：High Confidence of Low Probability of Failure)**）を用います．通常は，95%信頼度機能喪失確率のフラジリティ

11.2 ストレステストとは

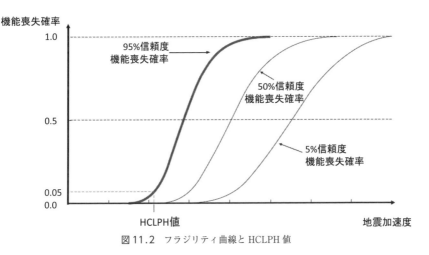

図11.2 フラジリティ曲線とHCLPH値

曲線において,機能喪失確率が0.05となる地震加速度を用います.

図11.1には,各設備が機能を喪失する地震加速度をHCLPHで記載しています.例えば,非常用所内電源からの給電は,地震加速度0.94Gで機能喪失し失敗します.

(2) クリフエッジ

非常用所内電源からの給電に失敗すると,通常に復帰することはできず第Ⅱ層としての対策は失敗ですが,第Ⅲ層の対策として,タービン動補助給水,主蒸気逃し弁による熱放出などに繋がり炉心は健全に守られます(図11.1).しかし,地震加速度が1.04Gを超えるとタービン動補助給水ポンプが機能喪失し,蒸気発生器に給水できなくなり炉心を冷却することができず炉心損傷となります.このような状況は,崖から落ちるように一気に悪くなっていることから,**クリフエッジ**といいます.

(3) 安全裕度

原子力発電所は設計基準として地震加速度0.8Gで許可を得ていますが,実際には,地震加速度1.04まで炉心が健全であることが分かりました.1.3(= 1.04÷0.8)倍の安全裕度があることになります.

(4) さらなる安全裕度の向上

上記のように1.3倍の安全裕度があれば十分ではありますが,多額の費用を

掛けずにさらなる安全裕度の向上が可能か検討します．クリフエッジは，地震加速度 1.04 G でタービン動補助給水ポンプの機能喪失だったので，地震に強い可搬型の給水ポンプ（HCLPH は 1.50 G）を追加配備します．そうすると，タービン動補助給水ポンプでは失敗するのですが，可搬型給水ポンプで給水に成功し，主蒸気逃し弁による熱放出に戻ることができます．クリフエッジは，地震加速度 1.20 G での蓄圧注入による炉心への注水の失敗に移動しました．1.5（= 1.20 ÷ 0.8）倍の安全裕度に向上しました（図 11.3）．

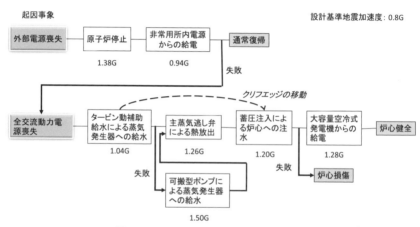

図 11.3　追加対策によるクリフエッジの移動

11.3　継続的改善としてのストレステスト

　ストレステスト（安全裕度評価）は，確率論的リスク評価と同様に，安全性向上評価の一部として実施されます（図 10.8 参照）．確率論的リスク評価には，比較・参照できる安全目標がありますが，ストレステストにはありません．事業者は安全裕度が十分にあると満足するのではなく，さらに安全性を向上させる義務があります．ストレステストを通じて，自然現象に対して安全裕度を高めるよう継続的な改善が行われなければなりません．

参照文献

1) 日本銀行, 金融庁. 共通シナリオに基づく一斉ストレステスト. 2020 年 10 月, 日銀レ
ビュー, 2020-J-13. pp. 1-7. 2020.

2) 原子力規制委員会. 実用発電用原子炉の安全性向上評価に関する運用ガイドの制定につ
いて. 原規技発第 1311273 号. 2013.

第12章
事業者の責任

12.1 なぜ規制は必要か

国際原子力機関（IAEA）と関係する国際機関が合同で発行した基本安全原則には，「原則1：安全に対する責任」として「安全のための一義的な責任は，放射線リスクを生じる施設と活動に責任を負う個人または組織が負わなければならない」とし，「施設と活動の存続期間全体を通して安全の一義的な責任は許認可取得者にある」と定めています．また，許認可を受けていないことを理由に，責任を免責されることはありません[1]．

事業者に一義的責任があると言いながら，なぜ規制をするのでしょうか．一般的に「なぜ規制が必要か」から説明します．市場では自由な経済活動が保証されるべき，フリーマーケットであるべきという考え方があります．昔は法律があっても緩く自由に経済活動がなされていましたが，そこにはさまざまな問題がありました．マーケットというのも完璧ではなくて，失敗があります．

まず，皆が自由に勝手なことをすると，他の人や外部に迷惑をかけたり，害を及ぼすことがあります．日本でも，1960 ～ 1970 年代には，工場は，煙突からもくもくと有害物質を出し，大気汚染を引き起こしていました．この結果，工場外の周辺住民の健康に深刻な悪影響を及ぼしました．また，海や川にごみを捨てる人がいます．自分の庭先はきれいにしますが，海や川にごみを捨て，環境に対して悪影響を及ぼします．規制がないと自分の外部に悪い影響を与える人がいます．市場を自由にしていると，外部に悪い影響を及ぼすという失敗（外部不経済）をおこします．これを是正するために規制しなければなりません（図12.1）．

次は，**情報の不完全性**です．専門家同士が，お互いに完璧に理解をして商取引をする場合には，規制は必要ないかもしれません．例えば，大学の研究者が

12.1 なぜ規制は必要か

図 12.1 市場の失敗

特注の実験装置を専門業者に発注する場合，綿密な打ち合わせをして設計を決めます．一方，医療関係者でない人が，少し体の調子悪いので病院に行く場合はどうでしょうか．医者からアスピリンを飲んでくださいと言われました．アスピリンとは何ですかと聞くと，化学式はこのようなものですと，化学式で示されました．さらに，効果と副作用に関する臨床データを見せてくださいと言っても，もらえません．情報を取得することが困難です（**情報取得の困難性**）．仮に，臨床データを見せてもらっても，自分で良いか悪いかを判断するのは難しいです（**理解判断の困難性**）．離島で医者が一人しかいない場合，他の医者の意見を行くことや，医者を変えることができません．一人しかいないので選択の余地がありません（**選択の困難性**）．このような問題もあるので，市場の自由に任せ，お互いが完全に理解をした上で薬を売買するということはできません．そのため，誰か他の人がしっかりとチェックしなければなりません．1億人以上いる日本人が個々人で薬の安全性をチェックするのは不可能なため，代表して日本政府が，薬の効果や安全性について製薬会社から情報を得て，専門家が理解をした上で，これは承認する・しないという判断をしています．この手続きが確実に行われるように規制が必要となります．

【コラム】許可・認可・届出・検査

規制の手段には，主に，許可，認可，届出，検査があります．

許可とは，この行為を日本では全員行ってはいけないと禁止にしたうえで，ある条件を満たす特定の場合には，それを解除することです．自動車の運転もそうです．日本では，勝手に自動車を運転してはいけません．教習所や試験場に行き，試験を

受けて合格した場合のみ運転可能です。原子力発電所の場合も，勝手に作ることは
できず，まず禁止されています。国に申請して，基準を満たしているかなどさまざ
まな議論をした上で建設が許可されます。許可のための基準がありますが，基準は
必要条件にしかすぎず，追加の条件が加えられることもあります。

　認可とは，第三者の行為を補充してその法律上の効力を完成させる行為です[2]。例
えば，鉄道運賃の認可があります。相対取引によって鉄道会社と乗客が自由に交渉
して良いとすると，乗客が「すみません，品川駅まで行きたいのですが，料金をい
くらにしていただけますか」といって，改札口で駅員が「今日は100円です」「明日
は200円です」とか，「いや，それは高い」「安い」という交渉を自由にしても良い
とします。しかし，そのようなことをしていたら，1人に何分，何十分と時間がか
かって電車に乗れない上に，長い行列ができてしまいます。第三者の行為，すなわ
ち鉄道会社の運賃決定に対して，法律の基準を満たした場合は，乗客皆に代わり国
が認可します。次に原子力発電所の工事の認可についてです。許可を受けた原子力
発電所の詳細設計は，技術力と技術者倫理を持っている会社が行えば問題はないは
ずです。しかし，原子力発電所は大きな事故の危険性を伴う施設なので重要な設備
は国が詳細設計をチェックし基準に適合していることを確認しなければ，次の法的
手続きに進めないようになっています。原子力発電所の認可のための基準は十分条
件であり，基準を満たしていれば国は認可をしなければいけません。

　届出は分かりやすいと思います。例えば，これから，このような店を開くという
ことを，税務署に開業の届出をします。そうすると，税務署は，毎年ここに税金を
取りにいかなければならないということが分かります。届出は行政に通知するだけ
です。原子力発電所の設置許可でも，代表者である社長が替わったような場合は届
出をします。重要な設備の詳細設計は認可が必要ですが，軽微な設備であれば届出
をして30日待ちます。国が届出をもらって少し心配だと思った場合は，電力会社に
工事開始を待つように通知が行くこともあります。来ない場合は，工事をはじめて
よいということになります。

　許可・認可・届出は主に書類上の約束です。その約束が守られているか確認しな
ければなりません。許認可や届出で約束したとおりに事業を実施しているかを確認
することを**検査**といいます。

12.2　原子炉等規制法

　原子力発電所の場合も，放射性物質を海に大量に垂れ流しにして良いはずが

12.2 原子炉等規制法

ありません．人や環境が許容できる十分に低いレベルとなるように，周りに放出できる放射性物質の濃度と量が規制されています．事故で周辺が放射性物質で汚染されないための規制も必要です（外部不経済の観点）．

電力会社が原子力発電所の建設を計画したとき，電力会社と周辺住民が「お互いに安全性を議論して，当事者間だけで決めましょう」ということが可能でしょうか．核反応，材料の特性，熱の伝わり方などの理論と計算シミュレーションを理解できる専門家を数十人は集めなければなりません．そもそも，周辺住民は日々の仕事と生活があるので，核反応の理論などの勉強をする時間を取ることが困難です．国民の皆さんに代わり，国が確認できるための規制が必要です（情報の不完全性の観点）．

原子力発電所の規制は，主に**核原料物質，核燃料物質及び原子炉の規制に関する法律**（以下，**原子炉等規制法**という）により行われています．その他には，労働者保護の観点から労働安全衛生法など規制する法律は 100 以上あると言われています．ここでは原子炉等規制法について説明します．

法の目的を要約すると，原子炉の利用が平和の目的に限られ，原子炉による災害を防止し，及び核燃料物質を防護して，公共の安全を図るために，大規模な自然災害及びテロリズムその他の犯罪行為の発生も想定し，必要な規制（国際規制物資の使用等に関する規制を含む）を行い，もつて国民の生命，健康及び財産の保護，環境の保全並びに我が国の安全保障に資することです．

原子力発電所を建設しようとするときは，原子力規制委員会の許可を受けなければなりません．許可の基準は，原子力規制委員会規則等として別に定められています．法律では「適合していると認めるときでなければ，同項の許可をしてはならない」とされており，許可の基準は必要条件です．許可に際して追加の条件が付されることがあります．この段階では，注水ポンプであれば毎時 1,000 m³ の水を注水できるなどポンプの基本的な性能を決めます．そのため設置許可の内容は**基本設計**と呼ばれます．

基本設計で許可を得た後，設備の具体的な仕様を決めたり，地震に耐えるための構造を決めたりします．この内容は**詳細設計**と呼ばれます．安全上重要な設備のみ国の認可が必要です．認可の基準は，原子力規制委員会規則等として別に定められています．法律では「適合していると認めるときは，前二項の認

可をしなければならない」とされており，原子力規制委員会は，詳細設計が許可の内容と同じであり，基準に適合していれば，認可をしなければなりません．認可の規準は十分条件です．国は基準以外のことを要求することはできません．

　過去に許認可を受けた設備であっても，新たな知見により許認可の基準が改正され，新しい基準に適合していなければ使用停止や改造などの命令（バックフィット命令）を受けることがあります．この命令は，福島第一原子力発電所事故を踏まえた法律改正で追加されました．

　さらに基準が改正されなくとも，事業者は安全に関する最新の知見を踏まえて原子力発電所の安全性を向上させる責務があります．許認可の基準は最低基準であり，これを事業者は上回るようにしなければなりません．法律上の基準が最低基準であることは，原子炉等規制法には明記されていませんが，例えば労働安全衛生法には規定されています．法律上の基準が最低基準であることは，安全関連法令では常識です．事業者は最新の知見を取り入れ，原子力発電所を継続的に改善（継続的改善）し安全性を向上させる責務があります．

核原料物質，核燃料物質及び原子炉の規制に関する法律（抜粋）

（目的）
第一条　この法律は，原子力基本法の精神にのつとり，核原料物質，核燃料物質及び原子炉の利用が平和の目的に限られることを確保するとともに，原子力施設において重大な事故が生じた場合に放射性物質が異常な水準で当該原子力施設を設置する工場又は事業所の外へ放出されることその他の核原料物質，核燃料物質及び原子炉による災害を防止し，及び核燃料物質を防護して，公共の安全を図るために，製錬，加工，貯蔵，再処理及び廃棄の事業並びに原子炉の設置及び運転等に関し，大規模な自然災害及びテロリズムその他の犯罪行為の発生も想定した必要な規制を行うほか，原子力の研究，開発及び利用に関する条約その他の国際約束を実施するために，国際規制物資の使用等に関する必要な規制を行い，もつて国民の生命，健康及び財産の保護，環境の保全並びに我が国の安全保障に資することを目的とする．

（設置の許可）
第四十三条の三の五　発電用原子炉を設置しようとする者は，政令で定めるところにより，原子力規制委員会の許可を受けなければならない．

（許可の基準）
第四十三条の三の六　原子力規制委員会は，前条第一項の許可の申請があつた場合にお

いては，その申請が次の各号のいずれにも適合していると認めるときでなければ，同項の許可をしてはならない．

（設計及び工事の計画の認可）

第四十三条の三の九 発電用原子炉施設の設置又は変更の工事（核燃料物質若しくは核燃料物質によつて汚染された物又は発電用原子炉による災害の防止上特に支障がないものとして原子力規制委員会規則で定めるものを除く．）をしようとする発電用原子炉設置者は，原子力規制委員会規則で定めるところにより，当該工事に着手する前に，その設計及び工事の計画について原子力規制委員会の認可を受けなければならない．ただし，発電用原子炉施設の一部が滅失し，若しくは損壊した場合又は災害その他非常の場合において，やむを得ない一時的な工事としてするときは，この限りでない．

3 　原子力規制委員会は，前二項の認可の申請が次の各号のいずれにも適合していると認めるときは，前二項の認可をしなければならない．

　　一　その設計及び工事の計画が第四十三条の三の五第一項若しくは前条第一項の許可を受けたところ又は同条第三項若しくは第四項前段の規定により届け出たところによるものであること．

　　二　発電用原子炉施設が第四十三条の三の十四の技術上の基準に適合するものであること．

（施設の使用の停止等）

第四十三条の三の二十三 　原子力規制委員会は，発電用原子炉施設の位置，構造若しくは設備が第四十三条の三の六第一項第四号の基準に適合していないと認めるとき，発電用原子炉施設が第四十三条の三の十四の技術上の基準に適合していないと認めるとき，又は発電用原子炉施設の保全，発電用原子炉の運転若しくは核燃料物質若しくは核燃料物質によつて汚染された物の運搬，貯蔵若しくは廃棄に関する措置が前条第一項の規定に基づく原子力規制委員会規則の規定に違反していると認めるときは，その発電用原子炉設置者に対し，当該発電用原子炉施設の使用の停止，改造，修理又は移転，発電用原子炉の運転の方法の指定その他保安のために必要な措置を命ずることができる．

第九章　原子力事業者等の責務

第五十七条の八 　原子力事業者等は，この法律の規定に基づき，原子力利用における安全に関する最新の知見を踏まえつつ，核原料物質，核燃料物質及び原子炉による災害の防止又は特定核燃料物質の防護に関し，原子力施設等の安全性の向上又は特定核燃料物質の防護の強化に資する設備又は機器の設置，原子力施設等についての検査の適正かつ確実な実施，保安教育の充実その他の必要な措置を講ずる責務を有する．

労働安全衛生法（抜粋）

（事業者等の責務）
第三条　事業者は，単にこの法律で定める労働災害の防止のための最低基準を守るだけ
　でなく，快適な職場環境の実現と労働条件の改善を通じて職場における労働者の安全
　と健康を確保するようにしなければならない．

12.3　基準の構造

　許認可の基準は，原子力規制委員会規則として定めることになっています．
許可の審査に用いる「実用発電用原子炉及びその附属施設の位置，構造及び設
備の基準に関する規則（本節では，規則と略します）」と「実用発電用原子炉
及びその附属施設の位置，構造及び設備の基準に関する規則の解釈（本節で
は，解釈と略します）」を例に基準の構造を説明します（**表12.1**）.

　まず，規則には目的が書かれています．解釈には目的を達成するための手段

表 12.1　実用発電用原子炉及びその附属施設の位置，構造及び設備の基準に関する規則及びその解
　　　　釈（第 45 条）

規則＝目的	解釈＝手段の例示，1F 事故の教訓
	設置許可基準規則に定める技術的要件を満足する技術的内容は，本解釈に限定されるものではなく，設置許可基準規則に照らして十分な保安水準の確保が達成できる技術的根拠があれば，設置許可基準規則に適合するものと判断する．
第四十五条　発電用原子炉施設には，原子炉冷却材圧力バウンダリが高圧の状態であって，設計基準事故対処設備が有する発電用原子炉の冷却機能が喪失した場合においても炉心の著しい損傷を防止するため，発電用原子炉を冷却するために必要な設備を設けなければならない．	第 45 条 （略） a)　可搬型重大事故防止設備 　i)　現場での可搬型重大事故防止設備（可搬型バッテリ又は窒素ボンベ等）を用いた弁の操作により，RCIC 等の起動及び十分な期間の運転継続を行う可搬型重大事故防止設備等を整備すること．ただし，下記 (1) b) i) の人力による措置が容易に行える場合を除く． b)　現場操作 　i)　現場での人力による弁の操作により，RCIC 等の起動及び十分な期間の運転継続を行うために必要な設備を整備すること．

の例示が東京電力福島第一原子力発電所事故の教訓を踏まえて書かれています．規則45条には「炉心の著しい損傷を防止するため，発電用原子炉を冷却するために必要な設備」と目的しか規定されておらず，具体的設備は書かれていません．解釈45条には，「可搬型バッテリ又は窒素ボンベ等を用いた弁の操作により，RCIC等の起動及び十分な期間の運転継続を行う」と具体的な手段が書かれています．ただし，これはあくまでも例示にすぎません．解釈の冒頭には「規則に定める技術的要件を満足する技術的内容は，本解釈に限定されるものではなく，規則に照らして十分な保安水準の確保が達成できる技術的根拠があれば，規則に適合するものと判断する」と規定されており，他の手段を用いて目的を達成してもかまいません．

　なお，設備の目的や必要な性能のみ規定している基準を**性能基準**といいます．一方，設備の具体的な仕様を規定した基準を**仕様基準**といいます．これらの特徴などを**表12.2**にまとめています．規則は性能基準で書かれています．

　規則は性能基準ですから，解釈に規定されていることだけを申請しても，規則に書かれている目的が達成されていなければ許可されません．解釈の字面だけを読んで「人力による弁の操作と書いてあるから，この弁だけ操作できれば良い」，言い方を変えると「他は操作できなくても良い，書いてあることさえ満足していれば良い」と考えてはいけません．高速回転しているポンプの軸は長い間運転していると摩擦で高温となり使えなくなることもあります．これを防止するには潤滑油を流さなければなりません．他にも，回転数の調整が必要です．さらに，冷却をするためには，当然，水が必要であり，水源から注水ポ

表12.2　性能基準と仕様基準の比較

	性能基準	仕様基準
特徴	規定の目的と要求する性能を記述	材料，形状，寸法等を具体的に記述
長所	自由な発意で設計することが可能 海外製品導入等が容易 技術進歩を促進する 実現する性能水準が明確	具体性がある だれにも理解しやすい 設計に特に高い能力を求めない 適合性の審査が容易 一定水準の性能を得ることが容易
短所	審査に高度な技術が必要 設計に高い能力が求められる	実現する性能水準が不明確 代替性が小さい 技術進歩への対応性が低い

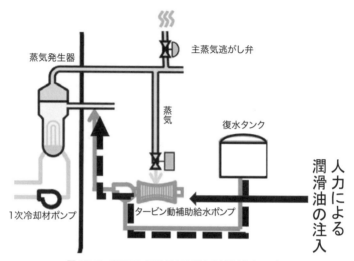

図 12.2　高圧時に原子炉を冷却する対策例（PWR）
出典：九州電力、川内原子力発電所1号機第1回安全性向上評価届出に加筆

ンプ設備までのライン構成も人力で行う必要があります．どれか一つでも足りなければ，注水ができません．解釈はあくまでも例示なので，規則に書かれている目的，高圧時に原子炉を冷却するということが達成できなければなりません．

12.4　原子力損害賠償法

　人が怪我をした場合，例えば，交通事故で歩行者が怪我をした場合は，裁判では運転手に過失があったかどうかが争われます．「納車直後の新車なのにブレーキが故障した．事故の責任は自動車会社であり，私には過失はなく責任はない」と主張することはできます．ブレーキには故障がなく，歩行者に気づきながら運転操作を誤って衝突したのであれば，運転手の過失が認められ運転手は責任を取らなければなりません．ブレーキの故障が立証できれば，運転手は新車なのにブレーキが故障するなど想像もできませんから，運転手に過失はなく責任を取る必要はありません．ここで**過失**とは，危険なことが起こりそうと分かりながら（**予見可能性**），その危険を回避しようすればできる（**結果回避**

12.4 原子力損害賠償法 *119*

可能性）のにしなかったことです．歩行者が怪我をしたことは明らかですが，誰に過失があったのかを裁判で争えば数年かかり，歩行者への賠償が進みません．さらに，ブレーキの設計図面や検査データは自動車会社しか持っていないので，運転手がブレーキの故障を立証することは困難です．

　原子力発電所の事故の場合には，被害者への賠償を迅速に行うため，また原子力発電所が高度な技術でありかつその情報を取得することは難しく被害者が原子力事業者（原子力発電所を所有する電力会社）の過失を立証することが困難なことから，特別に**原子力損害賠償法**が用意されています．事故で損害を与えた場合には，原子力事業者は，過失がなくても損害を賠償する責任があります（**無過失責任**）．賠償の責任を負うのは原子力事業者のみです（**責任の集中**）．運転員の誤操作により事故が発生したとしても，その誤操作が故意でないかぎり原子力事業者は運転員に賠償を請求できません（**求償権の制限**）．

原子力損害の賠償に関する法律（抜粋）

（無過失責任，責任の集中等）
第三条　原子炉の運転等の際，当該原子炉の運転等により原子力損害を与えたときは，当該原子炉の運転等に係る原子力事業者がその損害を賠償する責めに任ずる．ただし，その損害が異常に巨大な天災地変又は社会的動乱によつて生じたものであるときは，この限りでない．
第四条　前条の場合においては，同条の規定により損害を賠償する責めに任ずべき原子力事業者以外の者は，その損害を賠償する責めに任じない．
第五条　第三条の場合において，他にその損害の発生の原因について責めに任ずべき自然人があるとき（当該損害が当該自然人の故意により生じたものである場合に限る．）は，同条の規定により損害を賠償した原子力事業者は，その者に対して求償権を有する．

【コラム】過失責任と無過失責任

　ガス湯沸かし器が故障により不完全燃焼になり，購入者が一酸化炭素中毒で死亡した場合を例に考えます．検察官は製造会社社員を業務上過失致死傷罪で起訴し，被害者遺族は製造会社に損害賠償を訴えます．

　業務上過失致死傷は，業務上必要な注意を怠ったこと，すなわち過失によって人を死傷させることです．過失の成立要件は，予見可能性と結果回避可能性です．設計担当者が過去の事故を良く知っていたにも関わらず，その教訓を反映させずに不

完全燃焼となる故障を起こす製品を設計していれば罪に問われます．検察と警察は強制捜査が可能であり，家宅捜査によって証拠を集め，過失を立証することが可能です．ただし，有罪になっただけでは被害者遺族に賠償金が払われることはありません．被害者遺族は民法 709 条不法行為により損害賠償を請求しなければなりません．この場合も過失の立証が必要です．しかし，被害者には専門的知識が不足し，設計図の入手も難しく過失の立証は非常に困難でした．

被害者の負担を軽減するため 1995 年に製造物責任法（PL 法）が施行され，過失について立証する必要がなくなりました．製造物に欠陥があり，その欠陥により被害が生じたことを立証すれば損害賠償が認められるようになりました．例えば，欠陥として，不完全燃焼となる故障があったことだけを立証すればよく，故障が過失によって発生したことを立証する必要はなくなりました．製造会社は無過失でも賠償責任を負います．

被害者の負担を軽減するという観点では，製造物による事故も原子力発電所の事故も事業者は無過失責任であり同じです．

12.5　コンプライアンス

コンプライアンス（compliance）の和訳は，要求や命令などに従う・応じることです．では，何に従うのでしょうか．法令に従うこと・守ることを**法令遵守**といいます．法令遵守は当然で，守らないと法的に罰せられることもあります．**契約，社内規定**も守らないと，法的には罰せられませんが，契約上のペナルティーが課せられること，社内で処分されることがあります．次に，**規格**，業界ガイドライン，学会規程など安全に関する知見をまとめた文書があります．これらを守らなくても罰やペナルティーはありませんが，実際に守らないことにより事故が発生したときには，規格などを守れば事故を防止できたとして過失が認定され賠償の責任を負うこともあります．企業活動をしていく上で重要な守るべき基準となる考え方（**倫理規程**）を示している企業もあります．日本原子力学会も倫理規程を制定しています．さらに，企業が社会的存在である以上，**社会的要請**に応える必要があるときもあります．倫理規程を守らない，倫理規程の内容が不適切，社会的要請に応えない場合，企業のイメージ・ブランドが毀損し，将来の企業活動に支障が生じることもあります．

12.5 コンプライアンス

　原子力発電所を運営する企業には，高度なコンプライアンスが求められます．しかしながら，法令さえ遵守されていないことがあります．2002 年に発覚した東京電力㈱の原子炉格納容器漏えい率検査に関する不正が一例です．

東京電力㈱原子炉格納容器漏えい率検査に関する不正 [3]

(概要)

　1991 年及び 92 年に東京電力㈱福島第一原子力発電所 1 号機において実施された国による定期検査において，原子炉格納容器漏えい率検査で，漏えい率を低く見せかける為の偽装を行い，正確な検査が実施できなかったことが 2002 年 10 月に明るみに出た．原子力安全・保安院は，同月，法律違反に該当すると判断し，当該機に対し，1 年間の運転停止処分を行うとともに，同社の全ての原子炉格納容器漏えい率検査を実施することを決定した．すでに定期検査で停止していた原子炉を含め，結果として，2003 年 4 月には，東京電力（株）の 17 基の原子炉すべてが停止した．

(不正問題発生の要因)

　東京電力不正問題においては，事業者側の問題，国側の問題，国・事業者に共通する要因があった．事業者側の問題には，限られた者による独善的な判断が習慣化し，経営トップ・原子力部門以外の部門からの十分な監査が及ばない体制となっており，安全確保活動における品質保証体制の重要性について認識が欠如していたことなどが挙げられる．また，国側の問題としては，事業者による自主点検の規制上の位置づけが不明確であり，国によるチェックが行われておらず，運転開始後に発見されたひび割れに対する技術基準等の適用方法，健全性の確認方法が不明確であったこと，組織的な不正に対する罰則が不十分であったことなどが挙げられる．さらに，国・事業者に共通する問題としては，安全性だけではなく，その達成過程の公正さを含めた説明責任を果たすことの重要性を十分認識していなかったことが挙げられる．

日本原子力学会倫理規程（抜粋） [4]

憲章

1. **行動原理**：会員は，人類の生存の質の向上および地球環境の保全に貢献することを責務と認識し，行動する．
2. **公衆優先原則・持続性原則**：会員は，公衆の安全をすべてに優先させて原子力および放射線の平和利用の発展に積極的に取り組む．
3. **真実性原則**：会員は，最新の知見を積極的に追究するとともに，常に事実を尊重し，自らの意思をもって判断し行動する．
4. **誠実性原則・正直性原則**：会員は，法令や社会の規範を遵守し，自らの業務を誠実に遂行してその責務を果たすとともに，社会からの負託と社会に対する説明責任を強

く自覚して，社会の信頼を得るように努める.

5．**専門職原則**：会員は，原子力の専門家として誇りを持ち，携わる技術の影響を深く認識して研鑽に励む．また，その成果を積極的に社会に発信し，かつ交流して技術の発展に努めるとともに，人材の育成と活性化に取り組む.

6．**有能性原則**：会員は，原子力が総合的な技術を要することを常に意識し，自らの専門能力に対してその限界を謙虚に認識するとともに，自らの専門分野以外の分野についても理解を深め，常に協調の精神で臨む.

7．**組織文化の醸成**：会員は，所属する組織の個人が本規程を尊重して行動できる組織文化の醸成に取り組む.

参照文献

1) International Atomic Energy Agency. Fundamental Safety Principles, Safety Standards Series No. SF-1. 2006.

2) 法令用語研究会. 法令用語辞典. 有斐閣，1993.

3) 日本政府. 原子力の安全に関する条約 日本国第3回国別報告. 2004.

4) 日本原子力学会倫理委員会. 日本原子力学会倫理規程. 2021.

第13章
内 部 統 制

13.1 内部統制とは

　企業などの経済活動において，残念ながら，検査不正，手抜き工事，設計ミス，会計不正など様々な不正・違法行為・ミスなどが行われることがあります．このような不祥事が発覚した場合には，行政からの操業停止命令，取引先からの賠償請求・契約破棄，企業イメージの毀損など大きなダメージを受け，最悪の場合は企業倒産もあり得ます．そのような不正・違法行為・ミスなどを防止するために，業務が適正かつ効率的に遂行されるように組織を統制するための仕組みを**内部統制**といいます．

　内部統制という考え方が確立したのはアメリカでの会計不正がきっかけでした．1970〜80年代にアメリカではインサイダー取引による不正な利益や金融機関での巨額の粉飾決算が大きな問題となりました．当初は財務報告の信頼性を高めることが主目的でしたが，業務の有効性と効率性を保証する，法令遵守はもちろんのことコンプライアンスを徹底させるという3つの目的を達成するための取締役会，経営者，社員によって遂行される業務プロセス，すなわち内部統制という考え方が確立されました．株や投資などで様々な問題が多く発生したので，そのようなことを起こさないために始まったわけですが，今ではあらゆる業種に広がっています．

　内部統制をしようと思う場合，まずは環境を整えなければなりません．そして，実際にどのようなリスクが発生するのかを評価した上で，それをコントロールする活動をします．さらに，その情報を伝達していく必要があります．そして，この内部統制のシステム自体がうまくいっているのかをモニタリングします．内部統制の構成要素と原則などの枠組みとしては，トレッドウェイ委員会支援組織委員会（COSO：Committee of Sponsoring Organization of the

表 13.1 内部統制の構成要素と原則[1]

構成要素	原則
統制環境	①誠実性と倫理観に対するコミットメント ②独立した取締役会による監督 ③組織構造, 報告経路, 権限, 責任 ④有能な個人の確保, 育成, 維持 ⑤内部統制に対して個々人が持つ責任
リスク評価	⑥明確な目的の特定 ⑦目的の達成に対するリスクの識別 ⑧不正の可能性の検討 ⑨重大な変化の識別と評価
統制活動	⑩統制活動の選択と整備 ⑪IT 全般統制の選択と整備 ⑫方針と手続を通じた統制の展開
情報と伝達	⑬質の高い情報の入手, 作成, 利用 ⑭内部統制情報の内部への伝達 ⑮内部統制情報の外部への伝達
モニタリング活動	⑯日常的・独立的評価の実施 ⑰内部統制の不備の評価と伝達

Treadway Commission. 財務報告の品質に関する規制当局や市場の懸念に応えるために 1985 年に設立されました. 会計と監査の分野で世界的な 5 つの団体で構成されます) がまとめたものがあります (**表 13.1**)[1].

　日本では, 会社法で内部統制を確立することが求められています. 取締役会は, 役員及び職員の「職務の執行が法令及び定款に適合することを確保するための体制」を整備しなければなりません. 監査役に報告をするための体制, 報告をした者が当該報告をしたことを理由として不利な取扱いを受けないことを確保するための体制も取締役会の権限です. 取締役会と取締役は少し違っています. 取締役会というのは全員のことです. つまり取締役全員で責任を負ってくださいということです. 内部統制については, 取締役一人にこの業務はあなたの責任ですと分担させることができません.

　もう少し詳しく内部統制の構成要素ごとに説明します.

会社法 (抜粋)

(取締役会の権限等)
第三百六十二条

4 取締役会は，次に掲げる事項その他の重要な業務執行の決定を取締役に委任することができない．

六 取締役の職務の執行が法令及び定款に適合することを確保するための体制その他株式会社の業務並びに当該株式会社及びその子会社から成る企業集団の業務の適正を確保するために必要なものとして法務省令で定める体制の整備

会社法施行規則（抜粋）
（業務の適正を確保するための体制）
第百条 法第三百六十二条第四項第六号に規定する法務省令で定める体制は，当該株式会社における次に掲げる体制とする．

一 当該株式会社の取締役の職務の執行に係る情報の保存及び管理に関する体制
二 当該株式会社の損失の危険の管理に関する規程その他の体制
三 当該株式会社の取締役の職務の執行が効率的に行われることを確保するための体制
四 当該株式会社の使用人の職務の執行が法令及び定款に適合することを確保するための体制

3 監査役設置会社（監査役の監査の範囲を会計に関するものに限定する旨の定款の定めがある株式会社を含む．）である場合には，第一項に規定する体制には，次に掲げる体制を含むものとする．

四 監査役への報告に関する体制
五 報告をしたことを理由として不利な取扱いを受けないことを確保するための体制

(1) 統制環境

統制環境とは内部統制を有効に実施する上で基盤となる組織の風土や気概などです．社長のメッセージ，社長のやる気も統制環境としては重要なもののひとつです．社員には会社のお金はしっかり厳しく使用するようにと指示しても，社長がよく分からないお金の使い方をしていれば，社員のやる気はなくなります．社長が模範となり，このようにするのだというメッセージを出し，それを守ることが非常に大事です．

コマツの例ですが，社長が「社員の皆さんに『S（安全），L（コンプライアンス），Q（品質），D（納期），C（コスト）』の優先順位で判断し，安全・健康・コンプライアンスを全てに優先して考えるよう」にお願いしています[2]．

社長が安全第一と表面的に宣言しても，常日頃コスト重視の判断をしていれば，社員は安全を蔑ろにしてしまいます．トップが誠実性と倫理的価値観を明

確に示し，それを自ら実行しなければなりません．その上で，社員全員に浸透させる必要があります．

コマツの行動基準（第12版，抜粋）[2]

社長メッセージ

ビジネス社会のルールを遵守するうえでの心得として，社員の皆さんに「S（安全），L（コンプライアンス），Q（品質），D（納期），C（コスト）」の優先順位で判断し，安全・健康・コンプライアンスを全てに優先して考えるようお願いしています．さらに，「コンプライアンス5原則」では，ビジネス社会のルールを守るための基本動作を示しており，特に不正やミスを繕ったり隠したりすることを固く禁じています．

コンプライアンス5原則

「コンプライアンス5原則」（以下「5原則」）は，コマツグループの企業とその全ての社員等が守るべきコンプライアンス上の基本動作を，短い言葉でまとめたものです．日々「5原則」を確認し，「5原則」に従って行動することを心がけてください．

1. どんな状況であっても，ルールを遵守し，社会からの信頼に応えなければならない．
2. ルールを知らないことは，言い訳にならない．分からないことは，自分で調べ，重要なことは専門家にも問い合わせなければならない．
3. 不正やミスは，直ちに関係部門に報告し，繕ったり，隠したりしてはならない．
4. 不正やミスは，速やかに是正するとともに，有効な再発防止策をとらなければならない．
5. 報告や通報を妨げたり，報告・通報を理由に不利益な取扱いをしてはならない．

---

(2) リスク評価

リスク評価を行う前に，まずリスク評価の目的を明確にします．安全に関することに限ってならば，法令を遵守するため，民間規格に適合させるため，設計ミスや施工不良をなくすため，検査を適切に実施するためなどです．目的に応じて，リスク評価を行う範囲を業務を担当する部門だけか，全社，子会社，業務委託先まで広げるかを決めます．範囲が決まれば，リスクを抽出し，リスクの重大性を見積もり，必要であれば対応策を決定します．

リスクの発生要因には，外部環境の変化や組織内部の要因もあります．偶発的なものもあれば，意図的な不正もあります．不正については，「13.5　不正の発生要因」で説明します．

(3) 統制活動

内部統制の目的に対するリスクを低減するために，まずルールと体制を作り，確実に実行する必要があります．具体的には，意思決定の**権限の分配**をします．大きな会社では，全てのことを社長が判断することは不可能です．大きなリスクは取締役会，小さなリスクであれば課長，中ぐらいのリスクなら部長というように権限の分配をします．また，**指揮命令系統**や監督ルールを明確にしなければなりません．安全管理業務と関係のない部長が，安全担当の課長に指示を出してはいけません．

ルールを作ったけれども，誰も知らなければどうしようもありませんので，周知徹底のために分かりやすいマニュアルを作成し研修する必要があります．マニュアルを守っていた人は，きちんと人事上で評価しなければなりません．そのルールを守っているかどうかの記録管理も重要になってきます．

【コラム】信楽高原鉄道事故

1991 年 5 月 14 日に信楽高原鉄道の単線路線で列車同士が衝突し，42 名が死亡，614 名が重軽傷を負った鉄道事故．事故原因は，鉄道会社の技術力不足，信号故障，列車と駅との間の連絡ミスなどの複合である．信号故障に際し，安全を優先し発車を見合わせていた駅長と運行業務を優先する課長（駅長より職位は上）が対立し，課長が運転士に発車を直接強制したことも一因と考えられる[3]．

(4) 情報と伝達

仕事をしていると様々な情報が入ってきます．その情報が真実かつ公正な情報なのかを**識別**して，組織にとって必要な情報を情報システムに取り入れ（**把握**），それらを分類したり整理したり目的に応じて加工（**処理**）します．

経営者の方針が組織内の全ての者に行き渡るよう，上から下へ情報が適時かつ適切に伝わる必要があります．逆に，下から上へ不正や事故・ミスなどの悪い情報，すなわち内部統制にとって重要な情報が経営層や適切な部署に伝達される必要があります（**内部伝達**）．

悪い情報は，内部だけではなく外部の株主や監督機関などへ報告をする必要があります．また，不正などの情報は，取引先など外部から提供されることがあるため，外部からの情報を入手し対応するための仕組みも必要です（**外部伝**

達).

【コラム】ダスキン不認可添加物混入肉まん販売事件

　ダスキン社はミスタードーナツを経営しています．2000年に不認可添加物が混入した肉まんを販売し，その情報を2002年まで隠蔽する事件を起こしました．2000年5月からミスタードーナツは不認可添加物TBHQが混入した肉まんを販売してしまいました．11月に取引先社長からTBHQが混入していることを恫喝まがいに指摘され，担当取締役に報告されました．12月にTBHQが含まれていることを確認し製造を停止しました．ここまでは良かったのですが，ここから隠蔽に走りました．取引先社長に3,300万円を支払ってしまいました．こういうことは一回払ったら，何度も要求されます．2001年1月に，また3,000万円を支払います．2月に担当取締役は自分だけでは抱え切れず，代表取締役に報告します．代表取締役もここでしっかりと対応すればよかったのですが，9月に調査委員会を設置し報告を受けたものの，その報告を公表しませんでした．悪いことをすると絶対に誰かが通報します．2人以上の人間が知っていることを秘密にすることは不可能です．2001年5月15日に匿名情報に基づき保健所が立ち入り検査を行いました．5月20日にようやくダスキンは不認可添加物の混入を公表しました．

　隠蔽の結果，取締役及び会社が食品衛生法違反で有罪となりました．さらに，フランチャイズ店への営業補償，信頼回復のためのキャンペーン費用など105億円の損失を発生させたとして代表取締役及び取締役は株主代表訴訟を起こされます．隠蔽を事実上黙認し，公表，損害回復に向けた対策を積極的に検討しなかったとして，代表取締役及び担当取締役に約5億円，その他の取締役と監査役に約2億円の支払いが命じられました[4]．

　経営者の責任は非常に重く，内部統制をしっかりと行わなければなりません．隠蔽すると，個人の責任が追及されます．

(5) モニタリング活動

　内部統制の構成要素が存在し，機能していることを確認するため，日常的に，独立的に評価し，不備があれば是正措置を講じて内部統制のシステムを改善する必要があります．

　安全に関する内部統制は高度な専門知識が要求されることもあります．内部監査の専門家と安全の専門家が協力して評価することにより，改善を進めることが可能となります．

13.2 コーポレートガバナンスと内部統制

内部統制は,その名のとおり会社内部の取締役会,取締役,各部門,内部監査室などが行います.そして,内部統制の基盤となる統制環境として,代表取締役のメッセージや取り組む姿勢などが非常に重要です.逆に,代表取締役が暴走したり,取締役会が機能していない状況では,内部統制は有効に機能しません.このような場合,不適切な取締役であれば株主総会で取締役を解任できます.取締役会,監査役会,会計監査人は,株主総会に報告する義務があり,株主総会はこれらを解任する権利があります.株主総会まで含めた統制を,コーポレートガバナンスといいます.ただし,大株主とその大株主が送り込んだ代表取締役が結託すれば,コーポレートガバナンスが有効に働かないこともあります.

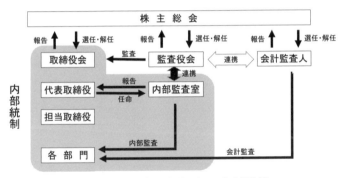

図 13.1 コーポレートガバナンスと内部統制

13.3 官僚制とマイプラント意識

内部統制では,事前に規則により,意思決定の権限を分配し,指揮命令系統や監督ルールを明確にします.いわゆる,**官僚制**となります.また,社員数1万人の大きな会社であれば,社長が業務の隅から隅まで把握し判断することは不可能です.1万人の社員は分配された権限のなかで決められたルールに従っ

て業務を遂行します．このような官僚制というものは，定常業務で非常に合理的です．

しかし，官僚制では事前に権限を分配しルールを決めることから，想定外の業務や事故・トラブルでは担当が決まらず，責任を押し付け合います．また，他の部署でトラブルを起こしていても，それは私と関係ないと無関心になることもあります．さらに，様々な課が出席する会議で，どこかの課が計画を説明しても，皆が何も意見を言わずに了承するというパターンはよくあります．何か意見を言うと，今度は自分の案件の時に嫌がらせで意見をされるのではと思ってしまうので，何も言わないこともあります．

このような官僚制に対して対照的な事例があります．官僚制による正式な権限の分配がありますが，それにもかかわらず全体を掌握しようとする人がいます．部長が全員で5人いたとして，その中で，全体を掌握するよう言われていないのに，何となく全体を掌握して情報を全て持っている部長がいます．このような人たちには，部下も情報を上げやすくなります．なぜなら，その情報を使って仕事をさばいてくれるからです．次に，会議はあるものの議論がないというパターンですが，他方で，とにかく他部署のことであろうと平気で意見するような組織も存在します．いかに会議を実効的にするのかを考えています．さらに，発電所であれば，所員は自分の与えられたことだけ行っていればいいというのではなく，この発電所全体を良くしたいと思い，どこかの部署が少し変なことを行っていたら「それは違います．このように行うのです」と言えるぐらいお節介であり，自分が所長ぐらいのつもりでいる人がいます．これらの例は**マイプラント意識**といわれます．マイプラント意識は非常に重要です．

マイプラント意識は転勤の多い会社では，生まれにくいと感じます．一方，本社と特定の原子力発電所の勤務しかない会社では，会社人生のうち半分以上を過ごす原子力発電所に愛着を持ち自分の原子力発電所という意識があるように思います．

13.4 サプライ・チェーンの品質管理

サプライ・チェーンや下請け階層構造における品質管理は，非常に古典的な

13.4 サプライ・チェーンの品質管理 *131*

課題です．また，原子力産業もその他の産業も同じ課題を抱えています．

　一般的な製品においても，図面を渡し，材料を指定し，製造方法の技術指導を行ったとしても，納品された製品の品質に問題があることがあります．コスト削減のために指定された材料以外のものが使われることもあります．製造現場に監査員を派遣することもありますが，意図的に隠されれば指定以外の材料が使われていることを見つけることは難しくなります．最終的には納品段階での検査が有効です．

【コラム】米国での輸入玩具のリコール

　米国の玩具メーカーM社は，年間数千の新商品を開発し，労働集約性の高い部品（例えば人形の目など）については海外工場に生産を委託していました．M社は品質管理面での評価は高く，現地に検査官などを派遣し，工場回りをすることに加え，国際的に定評のある研究者を選んで「予告なしに工場に立ち入り検査する権利」と「調査報告書を同社の了解なく発表する許可」を与えていました．しかし，海外工場は目を描く時に鉛の入っている顔料を使用し，それがアメリカで販売されました．「鉛顔料が入っている人形を子どもがなめたら危険だ，そのような人形は輸入禁止だ」と大騒ぎになり，リコールの嵐になりました．M社の検査官は，製造開始前に中国の工場に行って検査をして，指定の顔料を使っているのか，鉛が入っていないのかを確認しています．しかし，その検査官が帰っていざ製造が始まると，安い鉛入りの顔料に置き換えて使っていました．そうとは知らず，M社はアメリカに人形が到着した時に検査をせずに販売していました．しかし，実際に人形を買って試買検査を行ったところ，鉛が検出されました[5]．

　原子力発電所はきわめて複雑かつ巨大なシステムです．電力会社が基本的な設計を検討し，元請けメーカーに発注します．元請けメーカーが詳細な設計を行い，さらにその設計に基づき，下請けに製造を発注し，多くの下請けを使って工事を発注します．こうして，下請け，さらにその下請けという多層的な構造になっていきます．このような構造では，たとえ電力会社が「このような設計にしてください」と言ったとしても，何層にもなっている現場の一番下の層で不正をしているかもしれません．こうした不正を防ぐためには，信頼関係だけではやはり難しいところがあります．「工事には元請け業者が立ち会っていると思っていました．私たちの役割は，記録を確認するだけです」という話は

通用しません.

サプライ・チェーンもそうですけれども, このような多層下請け構造になっていた時にどのように品質を確保するかといえば, それは最終的には, 電力会社自身が一番末端を見に行くしかありません. 書類が上がってきたから問題はない, きちんと行っていると信じ込むのは危険です. 全ての責任は電力会社に集中します. またコラムに挙げた玩具でもそうですけれども, 原子力の場合はもっと厳しいです. 原子力損害賠償法では, 下請け会社の過失で少し溶接が悪かったため事故になった場合でも, 賠償責任は全て電力会社になります. 「信用していました」ということではなくて, やはりきちんと末端まで抜き打ち検査をしなければなりません. 全数検査すれば下請けに出している意味がなくなりますが, 抜き打ちや抜き取り検査をランダムに行い, 実際に現物を確認する必要があります.

13.5 不正の発生要因

(1) 不正の三要素

不正はなぜ起こるのでしょうか. 不正の発生要因としては, **不正の三要素**というものがあります. お金の不正であればお金がない, 借金がある, お金が欲しいなどの**動機**があります. そこに誰も見ていないから一人で現金を抜き取れるという**チャンス・機会**がおとずれます. 中には, 一度チャンスがあってつい出来心で不正を働き, もう二度としないと思う人もいます. しかし, 例えば会計不正で, 「私は苦労しているのに安月給だから10万円ぐらいごまかしても, これは私の仕事に対する正当な評価だ」と, 悪いことを**正当化**してしまう理屈を考える人がいます. そうしますと, 何度も繰り返してしまいます. そして何度も繰り返すうちに, それが当たり前になります (**図13.2**).

製造業で多く発生している検査不正も同様です. 検査担当者にとって, 時間も人も予算もないのに期限が決まっている. この事態をどうにか乗り越えたい (動機). 大体このような場合には知恵者がいて, その場を乗り切るアイデアを出します. 「これは3人しか担当していない業務だから, 誰も分からない (チャンス). やってしまえ」といって一度成功します. 検査が無事に日程どおりに

13.5 不正の発生要因

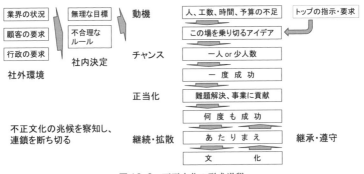

図13.2 不正文化の形成過程

終わって「プロジェクトが計画どおり進んで良かった．会社に貢献できた．」となります（正当化）．これが何度も成功すると，その手順が当たり前になって，不正の手順がマニュアル化されて引き継がれ継続します．さらにマニュアルが関係者に共有され，同様の困難を抱えている部署に拡散していきます．多くの人が継続するものは，文化と言えます．文化は，継承され，守らなければならなくなり，ずるずると不正はその組織で繰り返されます．

(2) 不正を引き起こす環境

振り返って，動機はなぜ生まれるのでしょうか．いろいろと困り事が起こりますが，それはなぜでしょうか．やはり会社から**無理な目標**を立てられたり，**不合理なルール**を押し付けられたりするからです．これらが生まれる原因は，業界で競争が厳しいとか，顧客が要求している，行政が要求しているなどがあります．車であれば，お客さまが新車の発表を待っている．行政ですと，国の監督官庁や地方自治体からいろいろ言われます．経営層のような会社の外と接点のある人たちが，社外で起きていることに対応するため無理な目標を作ります．また，顧客と接点がある人は，「分かりました．では当社は，貴社に対して特別な品質検査をします」という不合理なルールを作ります．そうすると，現場が困り「どうにかしたい」という動機が生まれます．

不正が発覚すると，原因と再発防止策について報告書が作成されます．日本人は人に責任を負わせるところがありますので，チャンス・機会の周辺の分析を一生懸命行って，原因と対策を考えます．しかし，ダブルチェックなどチャ

ンス・機会を発生させない対策だけを打っても，社外環境が変わらない限り
は，動機が生まれ，その場を乗り切るアイデアはいろいろ出てきます．結局何
度でも同じことが起きます．

　原子力発電所は一日停止していると数億円の損失となるため，定期検査を予
定どおりの日程で進めることが現場への大きなプレッシャーとなり得ます．不
正な手段でも定期検査が無事に日程どおりに終われば，「我々がやり方を少し
工夫したのでうまくいった」と正当化してしまう可能性があります．東京電力
福島第一原子力発電所1号機の定期検査での漏洩率検査不正などは典型的な事
例です．

【コラム】東京電力福島第一原子力発電所漏洩率検査不正 [6]

　東京電力福島第一原子力発電所1号機の1991年及び92年の定期検査で実施され
た格納容器漏洩率検査で不正行為が行われました．当時は夏の電力需要期が迫って
おり，定期検査が遅れれば電力の安定供給に影響があります．特に漏洩率検査は定
期検査の最終段階で行われるため，やり直しなどは回避しなければなりません．

　このようなプレッシャーの下，1991年の定期検査では，格納容器内の昇圧完了後
に圧力降下が止まりませんでした．点検を行っても漏洩箇所の特定ができなかった
ため，格納容器に空気を注入し，検査に合格させました．1992年の定期検査におい
ても，圧力降下が止まらなかったため前年と同様に格納容器に空気を注入し，検査
に合格させました．

　なお，この不正は，米国ゼネラル・エレクトリック社の関係者からの経済産業省
への申告，報道により発覚しました．

(3) 繰り返される不正

　不正事件を何度も繰り返し起こす企業があります．ある業務範囲を担当者任
せにしていて不正事件が発覚したとします．担当者が所属する部署Aでは，
社内的にも社外的にも散々たたかれて，事件を処理し，原因を究明し対策を作
ります．この部署Aの人たちは痛い目に遭って，ルールも変えて，これから
はそのようなことが起こらないようと決意します．しかし，しばらくたつと他
の部署で同じような不正事件が起きます．なぜかというと，他の部署の人たち
にとっては部署Aでの不正事件は対岸の火事だからです．大きな会社ほど，
このような傾向があると推測されます．同じ産業で，ある企業が不正事件を起

こし，また数年後に異なる企業で同様な不正事件を起こします．やはり対岸の火事なのでしょう．競争相手が減ったと思うかもしれません．他山の石から学ばなければなりません．

13.6 科学的技術的安全と社会的安心

安全は，科学的技術的に検討されなければなりません．しかし，社会からの要請に応えるため，社会に安心してもらうため何かしなければならない状況となり，科学的技術的には意味のない対策が実施されることがあります．科学的技術的に意味のない対策を実施させられる現場の立場としては，規則は定められても実施したくない気分になり，実際に実施しないこともあるかもしれません．意味のない規則は守らなくても良いという考えになります．このような考え方が広がると，本当に必要な規則も守らなくて良い，自分たちで決めて良いと考えてしまう可能性があり非常に危険です．

原子力発電所でトラブルが発生すると，再発防止策として監視強化が行われることがあります．例えば，金属廃棄物保管庫でトラブルが発生すると，巡視を毎週から毎日に強化するという類です．金属廃棄物が自分で動くことも，急速に腐食することもありません．巡視員としては「無意味だ」と思います．事象進展が非常にゆっくりな設備でトラブルが発生すると，測定を5時間毎から1時間毎に強化するということもあります．これも当直員としては「無意味だ」と思うでしょう．無意味な規則を実行させられると士気が下がり，規則を守らなくなる可能性もあります．不合理なルールは，不正を行う動機を生んでしまいます．

社会からの要請や社会を慮って，安全が蔑ろにされたことがあります．東京電力福島第一原子力発電所1号機には，事故時の原子炉冷却システムとして非常用復水器（IC）がありました．非常用の設備は，定期的に動作確認をしなければなりません．また，実際に動かすことで動作を体感することができます．しかし，このICを動かすと発電所の外でも大きな音がするため，動作確認を行わなくなり，動作時の音を知る所員がいなくなりました．このため，福島第一原子力発電所事故時に大きな音がしていないにもかかわらず，ICから

蒸気が発生していることで動作していると考えてしまいました．なお，日本原子力発電敦賀発電所1号機にもICが設置されており，定期的に動作確認が行われていました．PWRの主蒸気逃し弁を動作させると発電所外でも非常に大きな音がしますが，定期的に動作確認が行われています．

「安全第一」や「安心のため」ではなく，「科学的技術的安全第一」で考えなければなりません．

参照文献

1) トレッドウェイ委員会支援組織委員会. サステナビリティ報告に係る有効な内部統制の実現. 日本内部監査協会, 2013.

2) コマツ. コマツの行動基準 第12版. 2024.

3) 佐藤吉信，ほか. 安全マネジメントの基礎. 化学工業日報社, 2013.

4) 伊藤茂孝. 食品事故に対する企業の対応策——ダスキン株主代表訴訟判決を題材として. 環境管理, 第49巻, pp. 55-61. 2013.

5) Hoyt David. UNSAFE FOR CHILDREN: MATTEL'S TOY RECALLS AND SUPPLY CHAIN MANAGEMENT. Graduate School of Business, Stanford University, Case: GS-63. 2008.

6) 原子力委員会 核燃料サイクルのあり方を考える検討会. 東京電力社外調査団調査結果の概要. 資料サ考第5-1号. 2003.

第14章
安　全　文　化

14.1　安全文化とは

　原子力発電所を設計するのも，製造するのも，検査・保守するのも人です．規則やルールを作るのも人です．人の考え方や行為の基礎となるものが文化と言えます．また，人々の習慣，伝統などが積み重ねられて文化となりえます．

　組織内の全員が，無意識に何事にも安全を最優先するという基本的なものを共有し，価値観や姿勢として現れ，実際に安全を最優先する行動様式を実践することが**安全文化**といえます．

　安全文化という考え方は，チェルノービリ原子力発電所4号機の事故後に設立されたIAEA国際原子力安全諮問グループ（INSAG）の第4次報告書「安全文化」にまとめられました[1]．「原子力の安全問題には，その重要性にふさわしい注意が最優先で払われなければならない．安全文化とは，そうした組織や個人の特性と姿勢の総体である．」とされています．また，「安全文化を構成する一般的な要素は，第一に組織内に必要とされる枠組みと管理階層の責任，

表14.1　安全文化の主要な要素（INSAG-4）[1], [2]

安全文化	組織の基本方針レベルのコミットメント	①組織の安全に係る基本方針 ②安全について責任をもつ組織 ③人材・資材の資源投入 ④安全活動に対する定期的なレビュー
	管理者のコミットメント	⑤責任の明確化 ⑧信賞必罰 ⑥作業の明確化と管理 ⑦適正な人材配置と訓練 ⑨業務の監査や見直し
	個人のコミットメント	⑩常に問いかける姿勢 ⑪厳格かつ慎重なアプローチ ⑫対話

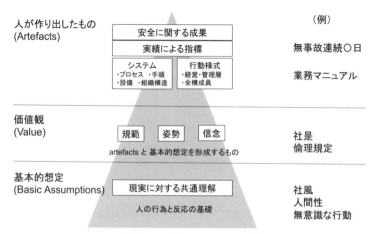

図14.1 安全文化の氷山モデル[3]

第二に組織内の枠組みに対応し,そこから利益をうけるすべての階層の従業員の姿勢である」としました.安全文化の主要な要素は,**表14.1**のとおりです.

また,安全文化は氷山にもたとえられます(**図14.1**).目に見えるものは,無事故連続100日などの安全実績やマニュアルなど人が**作り出したもの**だけです.氷山の一角しか見えていないのと同じです.これらは,社是や倫理規定など規範,姿勢,信念という**価値観**に支えられています.この価値観は言葉で表せますが,言葉で表すまでもない人間性や無意識な行動が価値観や行為の基礎(**基本的想定**)となっています.安全文化について考える際には,この基本的想定が最も難しいものであり,安全文化を形作る最も重要なものです[3].

14.2 安全文化の醸成

安全文化をどのように醸成していくかは難しい問題です.醸成には時間も必要です.INSAG第13次報告書「原子力発電所における運転安全のマネジメント」では,安全文化を醸成し,強化するためのPDCAサイクルを提案しています.まず,安全要件と組織の定義を行い,計画・管理と支援(P),実施(D),監査と評価(C)と進みます.改善(A)により,安全要件と組織の定

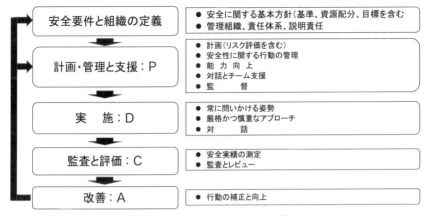

図 14.2　安全文化醸成の PDCA [4]

義, 計画・管理と支援 (P) が見直されます. 各段階は, 具体的取組に分解されます. 例えば, 実施は, 常に問いかける姿勢, 厳格かつ慎重なアプローチ, 対話に分解されます (図 14.2) [4].

　組織の安全文化を評価する方法として, 様々なものが提案されています. INSAG 第 15 次報告書「安全文化を強化するための主要な実務課題」[5] は, トップから作業員までの 6 階層ごとに自己評価のための質問が提案されています. 日本の原子力規制委員会は「健全な安全文化の育成と維持に係るガイド」において安全文化の育成と維持に関する事業者の活動について確認する際の視点, 特に経営責任者と管理者のリーダーシップの発揮を確認する視点について示しています [6]. 民間からも多くの評価方法が提案されています. これらを参考にして, 自らの組織を常日頃から評価する必要があります.

　評価の結果から自らの組織が安全文化の発展段階のどの位置にいるのか確認します. IAEA では 3 つの発展段階を示しています. ステージ I「規則と規制にのみ基づく安全」では, 対処療法的であり, 規則を満たすためだけの意思決定などが行われています. 少し向上してステージ II「良好な安全実績が組織の目標となる」では, 戦略性は乏しいですが, コミュニケーションが奨励され, 他の良好事例を学ぶなどしています. 一番上のステージ III「安全実績が常に向上されることができる」では, 長期的観点から戦略的に行動し, 組織の内外か

第14章　安　全　文　化

表 14.2　安全文化の発展段階 [7]

ステージ I	規則と規制にのみ基づく安全 ・問題を想定しない。対処療法的 ・部署間で対立、情報共有が悪い（たこつぼ） ・規則を満たすためだけの意思決定 ・失敗をした者は、規則を破ったことのみ非難される　　など
ステージ II	良好な安全実績が組織の目標となる ・日々の対応に追われ、戦略に乏しい ・上級管理者は部署間のチーム編成、コミュニケーションを奨励 ・他社の良好事例を学ぼうとする　　など
ステージ III	安全実績が常に向上されることができる ・組織が長期的観点から戦略的に行動する ・部署間の協力が不可欠と認識されている ・決定には安全への影響が十分に考慮される ・生産のために安全が蔑ろにされることがない ・組織の内外から学ぶことが評価される　　など

ら学ぶことが評価されます.

14.3　安全文化の劣化

　自らの組織がステージ III であっても，過信すれば安全文化の劣化が始まります. 常に自らの組織を評価して，劣化の兆候を早期に検出し，是正する必要があります（**図 14.3**）.

　INSAG 第 13 次報告書「原子力発電所における運転安全管理」では，安全文化劣化の典型的なパターンが示されています [4]. まず, 自己満足などから**過信**, 自己満足から改善が遅れるなどの**慢心**が生まれ，安全文化が脆弱となります. さらに悪化し安全実績の低下がみられます. 重要性が高い事象が起こり始め指摘を受けても**無視**し，潜在的に過酷な事象が幾つか起きても組織全体が内部監査や規制者など外部の批判を「妥当でない」として対応しない**危険**な状態になります. 最後は安全文化が**崩壊**し組織事故が発生します. 規制当局など外部機関による特別検査が必要になり，経営管理層が退陣するなど修復・改善に多大なコストが必要となります.

➡ ➡ 安全問題の発生

脆弱な安全文化 → 安全実績の低下 → 安全問題の発生

安全文化劣化の典型的なパターン

劣化の兆候		現　　象
第1段階	過　信	良好な過去の実績、他からの評価、根拠のない自己満足から生まれる。
第2段階	慢　心	軽微な事象が起こり始める。「監視」機能が弱まり、自己満足から改善が遅れまたは見逃される。
第3段階	無　視	多くの軽微な事象とともに、重要性の高い事象も起こり始める。しかし、それらは独立な特殊事象と扱われ内部監査での指摘が無視される。また、改善計画が不完全のままで終わる。
第4段階	危　険	潜在的に過酷な事象が幾つか起きても、組織全体が内部監査や規制者など外部の批判を「妥当でない」として対応しない。
第5段階	崩　壊 (組織事故発生)	規制当局など外部機関による特別検査が必要になる。経営管理層の退陣などが出てくる。修復、改善に多大なコストが必要となる。

図14.3　安全文化の劣化[2), 4)]

参照文献

1) IAEA International Nuclear Safety Advisory Group（INSAG）. Safety Culture. IAEA SAFETY SERIES No.75-INSAG-4. 1991.
2) 原子力安全委員会，平成17年原子力安全白書，2006.
3) International Atomic Energy Agency. OSART INDEPENDENT SAFETY CULTURE ASSESSMENT（ISCA）GUIDELINES. IAEA SERVICES SERIES No. 32. 2016.
4) IAEA International Nuclear Safety Advisory Group（INSAG）. Management of Operational Safety in Nuclear Power Plants. INSAG-13. 1999.
5) IAEA International Nuclear Safety Advisory Group（INSAG）. Key Practical Issues in Strengthening Safety Culture. INSAG-15. 2002.
6) 原子力規制委員会. 健全な安全文化の育成と維持に係るガイド. 2019.
7) International Atomic Energy Agency. Developing Safety Culture in Nuclear Activities: Practical Suggestions to Assist Progress. IAEA Safety Reports Series No. 11. 2001.

索　引

欧　文

AND ゲート　97
AOO: Anticipated Operational
　　Occurrence　37

BE: Best Estimate　91
BEPU: Best Estimate Plus Uncertainty
　　92
Buy Time　25
B クラス　76

CCFP: Conditional Containment Failure
　　Probability　46
CDF: Core Damage Frequency　45
CFF: Containment Failure Frequency
　　45
C クラス　76

DBA: Design Basis Accident　37

Graded Approach　79

HCLPF 値 : High Confidence of Low
　　Probability of Failure　106

IAEA: International Atomic Energy
　　Agency　2
IC: Isolation Condenser　83
INES: International Nuclear and
　　Radiological Event Scale　2

LOCA: Loss of Coolant Accident　41

LR: Large Release　39

MS: Mitigation System　75
MS-1　76

NO: Normal Operation　37

OR ゲート　97

PAZ　43
PL 法　120
PRA: Probabilistic Risk Assessment
　　94
　　SF プール——　98
　　運転中——　98
　　外部事象——　100
　　地震——　98
　　津波——　98
　　停止時——　98
　　内部溢水——　98
　　内部火災——　98
　　内部事象——　98
　　複数基立地——　98
　　レベル 1 ——　98
　　レベル 1.5 ——　98
　　レベル 2 ——　98
　　レベル 3 ——　98
practical elimination　38
PS: Prevention System　75
PS-1　75
PS-2　76
PWR: Pressurized Water Reactor　6

RCIC: Reactor Core Isolation Cooling
  system 83

SA: Severe Accident 38
SF プール PRA 98
SSC: Structure, System and Component
  75
S クラス 76

UPZ 43

V&V: Verification & Validation 87

ア 行

アプローチ 92
  複合—— 91
  保守的な—— 91
アルファ線 1
安全性向上評価 102
安全文化 137
安全目標 19
安全裕度評価 104

異常影響緩和系 75
異常発生防止系 75
位置的分散 54
イベント・ツリー 95
運転時の異常な過渡変化 37
運転中 PRA 98

エックス線 1

屋内退避 43

カ 行

加圧水型原子炉 6
外部不経済 110
外部事象 30

外部事象 PRA 100
外部伝達 127
科学的技術的安全 135
核原料物質，核燃料物質及び原子炉の規
  制に関する法律 113
確定的影響 2
格納容器過圧・過温破損 43
格納容器機能喪失 45
格納容器機能喪失頻度 45
格納容器破損モード 43
核分裂生成物 1
確率 13, 95
確率的影響 2
確率論 93
確率論的リスク評価 94
過酷事故 8
過失 118
過信 140
価値観 138
頑健性 51
ガンマ線 1
官僚制 129

起因事象 67
機会 132
規格 120
危険 140
  ——の管理 12
危険と利益の比較衡量 12
既知の知 59, 64
既知の未知 59, 64
基本事象 97
基本設計 113
基本的想定 138
キャロット図 17
求償権の制限 119
共通要因故障 53
許可 111

索　　引　　　*145*

許容可能なリスク　17
距離　4
緊急防護措置を準備する区域　43

空間放射線量率　44
偶然的不確実さ　106
偶発的人為事象　74
クラス1構築物，系統及び機器（SSC）
　　75
クラス2 SSC　76
クラス3 SSC　76
クリフエッジ　107
グレーデッド・アプローチ　79

継続的改善　114
契約　120
結果回避可能性　118
決定論　85, 93
権限の分配　127
検査　112
減災　31
検証　87, 100
　　──と妥当性確認　87
原子力損害賠償法　119
原子炉隔離時冷却系　83
原子炉等規制法　21, 113
原子炉冷却材喪失事故　41

合計炉心損傷頻度　96
工場外へ被害　27
高信頼度低損傷確率値　106
後段否定　32
高品質　49
国際原子力機関　2
国際原子力・放射線事象評価尺度　2
五層構造　29
コーポレートガバナンス　129
困難性　111

情報取得の──　111
　選択の──　111
　理解判断の──　111
コンプライアンス　120

サ　行

最適評価　91
最良推定コード　91
最良推定値　91
最良推定値プラス不確実性アプローチ
　　92
サプライ・チェーン　130
三層構造　28

時間　4
しきい値　2
識別　127
指揮命令系統　127
事故　27
　　──の影響緩和　26
　　──の拡大　27
　　──への拡大防止　26
事故影響緩和策　30
事故シーケンス　95
事故シーケンスグループ　101
事故シナリオ　85
事故発生防止策　29
地震PRA　98
実質的排除　38
シビアアクシデント　8
社会的安心　135
社会的要請　120
社内規定　120
遮蔽　4
重大事故　38
重篤度　13
重要度　75
受動的機器　51

仕様基準　117
条件付き格納容器機能喪失確率　46
条件付き死亡確率　45
詳細設計　113
冗長システム　24
情報取得の困難性　111
処理　127
震災関連死　10
深層防護　24
信頼性　48

ストレステスト　104
スリーマイル島原子力発電所　6

成功基準　95
製作上のばらつき　58
製造物責任法　120
静的機器　51
正当化　132
性能基準　117
性能目標　45
責任の集中　119
設計基準事故　30, 37
設計基準事象　29
設計基準超　31
選択の困難性　111
前段否定　32

早期大量放出　38
相対的安全性　16
想定外　64

タ　行

耐震重要度　76
大量放出　46
耐えられないリスク　17
多重防護　24
多重性　52

妥当性確認　87, 100
多様性　53
単一故障基準　54

チェルノービリ原子力発電所　6
チャンス　132
中間事象　97
中性子線　1

通常運転　26, 37
通常状態からの逸脱の防止　26
津波 PRA　98

定期的な見直し　73
停止時 PRA　98
データのばらつき　58, 62

動機　132
等級別扱い　79
統制環境　125
動的機器　51
独立性　54
届出　112
トレーサビリティ　72

ナ　行

内部溢水 PRA　98
内部火災 PRA　98
内部事象　30
内部事象 PRA　98, 99
内部伝達　127
内部統制　123

二層構造　27
二重故障基準　56
認可　112
認識論的不確実さ　106

索　　引　　　*147*

能動的機器　51

ハ　行

把握　127
ハインリッヒの法則　80
バックフィット命令　114
発生確率　13
発生頻度　13
非常用復水器　83

避難　27, 44
広く受け入れ可能なリスク　17
品質　48
頻度　13, 95

フェイルセーフ　49
フォールト・ツリー　97
複合アプローチ　91
福島第一原子力発電所　8
複数基立地 PRA　98
不合理なルール　133
不正の三要素　132
不確かさの重ね合わせ　60
復旧　31
フラジリティ曲線　106
フールプルーフ　50

ベータ線　1

崩壊　5
崩壊（安全文化）　140
崩壊熱　5
防護措置　44
防災　27
放射性物質　1
　　──の大量放出　39
放射線　1
放射能　1

法令遵守　120
保険　31
保守性　62
保守的なアプローチ　91

マ　行

マイプラント意識　130
慢心　140

未知の知　59, 64
未知の未知　59, 66

無過失責任　119
無視　140
無次元数　13
無理な目標　133

網羅性　68

ヤ　行

誘因事象　67

陽子線　1
溶融炉心・コンクリート相互作用　43
予見可能性　118
予防的防護措置を準備する区域　43
余裕のある設計　49

ラ　行

ラムズフェルドのマトリックス　59, 64
ランダム故障　52

理解判断の困難性　111
離隔　27
リスク　13
リスク評価　126
リーマン・ショック　104
倫理規程　120

レベル 1PRA　98
レベル 1.5PRA　98
レベル 2PRA　98
レベル 3PRA　98

炉心損傷頻度　45
論理的選定　69

著者略歴

山形浩史
やま がた ひろ し

1962 年　大阪府に生まれる
1995 年　スタンフォード大学大学院工学研究科修士課程修了
1997 年　京都大学大学院工学研究科博士後期課程修了
1987 年　通商産業省（現：経済産業省）
1998 年　経済協力開発機構（OECD）
2006 年　国際原子力エネルギー機関（IAEA）
2011 年　内閣官房
2012 年　環境省原子力規制庁
2021 年　長岡技術科学大学教授（現在に至る）
　　　　　博士（工学）

原子力安全の基本
──設計・評価・管理の視点──　　　　　　　　定価はカバーに表示

2025 年 3 月 1 日　初版第 1 刷

著　者　山　　形　　浩　　史

発行者　朝　　倉　　誠　　造

発行所　株式
　　　　会社　朝　倉　書　店

東京都新宿区新小川町 6-29
郵 便 番 号　162-8707
電　話　03（3260）0141
FAX　03（3260）0180
https://www.asakura.co.jp

〈検印省略〉

Ⓒ 2025 〈無断複写・転載を禁ず〉　　　　　　　新日本印刷・渡辺製本

ISBN 978-4-254-20185-7　C 3050　　　　　　Printed in Japan

|JCOPY| ＜出版者著作権管理機構 委託出版物＞

本書の無断複写は著作権法上での例外を除き禁じられています．複写される場合は，
そのつど事前に，出版者著作権管理機構（電話 03-5244-5088, FAX 03-5244-5089,
e-mail: info@jcopy.or.jp）の許諾を得てください．

機械工学テキストシリーズ3 動力発生学
―エンジンのしくみから宇宙ロケットまで―

小口 幸成・神本 武征 (編著)

B5 判／152 頁　978-4-254-23763-4　C3353　定価 3,520 円（本体 3,200 円＋税）

エネルギーの基本概念から，燃焼，電気や動力の発生を体系的に学ぶことができる，これから技術者を目指す学生に向けた入門テキスト。〔内容〕エネルギー／燃焼／環境／内熱機関／ガスタービン／蒸気機関／燃料電池／宇宙用推進エンジン他

機械工学基礎課程 材料力学

中井 善一 (編著)／三村 耕司・阪上 隆英・多田 直哉・岩本 剛・田中 拓 (著)

A5 判／208 頁　978-4-254-23792-4　C3353　定価 3,300 円（本体 3,000 円＋税）

機械工学初学者のためのテキスト。〔内容〕応力とひずみ／軸力／ねじり／曲げ／はり／曲げによるたわみ／多軸応力と応力集中／エネルギー法／座屈／軸対称問題／骨組み構造（トラスとラーメン）／完全弾性体／Maxima の使い方

機械工学基礎課程 破壊力学

中井 善一・久保 司郎 (著)

A5 判／196 頁　978-4-254-23793-1　C3353　定価 3,740 円（本体 3,400 円＋税）

破壊力学をわかりやすく解説する教科書。〔内容〕き裂の弾性解析／線形破壊力学／弾塑性破壊力学／破壊力学パラメータの数値解析／破壊靱性／疲労き裂伝ぱ／クリープ・高温疲労き裂伝ぱ／応力腐食割れ・腐食疲労き裂伝ぱ／実験法

機械工学基礎課程 熱力学

松村 幸彦・遠藤 琢磨 (編著)

A5 判／224 頁　978-4-254-23794-8　C3353　定価 3,300 円（本体 3,000 円＋税）

機械系向け教科書。〔内容〕熱力学の基礎と気体サイクル（熱力学第 1, 第 2 法則，エントロピー，関係式など）／多成分系，相変化，化学反応への展開（開放系，自発的状態変化，理想気体，相・相平衡など）／エントロピーの統計的扱い

機械工学基礎課程 流体力学

冨山 明男 (編)

A5 判／176 頁　978-4-254-23795-5　C3353　定価 3,300 円（本体 3,000 円＋税）

流体力学の基礎から発展的内容までをわかりやすい言葉で解説。演習問題と解答付き。〔内容〕流体の基本的性質／流れの記述法／並行平板間層流／ダルシー-ワイスバッハの式／流体機械概論／揚力と循環／層流と乱流／流線と流れの関数／他

ビジュアル 地球を観測するしくみ —気象・海洋・地震・火山—

古川 武彦・加納 裕二・浜田 信生・藤井 郁子 (著)

B5 判／152 頁　978-4-254-16080-2 C3044　定価 4,290 円（本体 3,900 円＋税）
地球の観測・監視では地上，洋上から宇宙まで，種々のシステムが展開・整備されている。その主だった観測について，観測機器を軸に，システムや目的，原理，作動手法，データの記録・伝送など，実際のビジュアルな写真や設置・観測風景・図を豊富に載せ，平易にわかりやすく解説。関係者の中に眠ったままの開発の歴史やエピソードも掲載。

津波の事典 （縮刷版）

首藤 伸夫・今村 文彦・越村 俊一・佐竹 健治・松冨 英夫 (編)

四六判／368 頁　978-4-254-16060-4 C3544　定価 6,050 円（本体 5,500 円＋税）
世界をリードする日本の研究成果の初の集大成である『津波の事典』のポケット版。〔内容〕津波各論（世界・日本，規模・強度他）／津波の調査（地質学，文献，痕跡，観測）／津波の物理（地震学，発生メカニズム，外洋，浅海他）／津波の被害（発生要因，種類と形態）／津波予測（発生・伝播モデル，検証，数値計算法，シミュレーション他）／津波対策（総合対策，計画津波，事前対策）／津波予警報（歴史，日本・諸外国）／国際的連携／津波年表／コラム（探検家と津波他）

図説 世界の気候事典

山川 修治・江口 卓・高橋 日出男・常盤 勝美・平井 史生・松本 淳・山口 隆子・山下 脩二・渡来 靖 (編)

B5 判／448 頁　978-4-254-16132-8 C3544　定価 15,400 円（本体 14,000 円＋税）
新気候値（1991〜2020 年）による世界各地の気象・気候情報を天気図類等を用いてビジュアルに解説。〔内容〕グローバル編（世界の平均的気候分布／大気内自然変動／他）／地域編（それぞれ気候環境／植生分布／異常気象他：東アジア・南アジア・西アジア・アフリカ・ヨーロッパ・北米・中米・南米・オセアニア・極・海洋）／産業・文化・エネルギー編（農林業・水産業／文明・文化／他）／第四紀編（第四紀の気候環境／小氷期／現代の大気環境）／付録

気候変動の事典

山川 修治・常盤 勝美・渡来 靖 (編)

A5 判／472 頁　978-4-254-16129-8 C3544　定価 9,350 円（本体 8,500 円＋税）
気候変動による自然環境や社会活動への影響やその利用について幅広い話題を読切り形式で解説。〔内容〕気象気候災害／減災のためのリスク管理／地球温暖化／IPCC報告書／生物・植物への影響／農業・水資源への影響／健康・疾病への影響／交通・観光への影響／大気・海洋相互作用からさぐる気候変動／極域・雪氷圏からみた気候変動／太陽活動・宇宙規模の運動からさぐる気候変動／世界の気候区分／気候環境の時代変遷／古気候・古環境変遷／自然エネルギーの利活用／環境教育

気象学ライブラリー3 集中豪雨と線状降水帯

加藤 輝之 (著)

A5 判／168 頁　978-4-254-16943-0 C3344　定価 3,520 円（本体 3,200 円＋税）
地球温暖化による気候変動にともない頻発する集中豪雨のメカニズムを大気の運動や線状降水帯などの側面から克明に解説。〔内容〕気温と温位／不安定と積乱雲／集中豪雨と線状降水帯／大雨の発生要因／梅雨期の集中豪雨

高圧力の科学・技術事典

入舩 徹男・舟越 賢一・近藤 忠・関根 利守・清水 克哉・長谷川 正・保科 貴亮・木村 佳文・加藤 稔・松木 均 (編)

A5判／480頁　978-4-254-10297-0　C3540　定価 11,000円（本体 10,000円＋税）

高圧力はいまや，化学や物理学，地球科学にとどまらず，材料科学，生命科学，食品科学などさまざまな分野で研究・利用されるようになり，学際的な研究分野として地位を築いている。本書は高圧力をテーマに約190の項目を取り上げ，分野の垣根を越えてさまざまな分野の研究者たちが各項目2-6頁の読み切り形式でわかりやすく解説。〔内容〕装置・技術（圧力技術など）／地球惑星深部科学／衝撃圧縮科学／固体物理／材料科学・化学／流体科学／生物関連科学

動力・熱システムハンドブック

吉識 晴夫・畔津 昭彦・刑部 真弘・笠木 伸英・浜松 照秀・堀 政彦 (編)

B5判／448頁　978-4-254-23119-9　C3053　定価 17,600円（本体 16,000円＋税）

代表的な熱システムである内燃機関（ガソリンエンジン，ガスタービン，ジェットエンジン等），外燃機関（蒸気タービン，スターリングエンジン等）などの原理・構造等の解説に加え，それらを利用した動力・発電・冷凍空調システムにも触れる。〔内容〕エネルギー工学の基礎／内燃・外燃機関／燃料電池／逆サイクル（ヒートポンプ等）／蓄電・蓄熱／動力システム，発電・送電・配電システム，冷凍空調システム／火力発電／原子力発電／分散型エネルギー／モバイルシステム／工業炉／輸送

人間の許容・適応限界事典

村木 里志・長谷川 博・小川 景子 (編)

B5判／820頁　978-4-254-10296-3　C3540　定価 27,500円（本体 25,000円＋税）

人間の能力の限界を解説した研究者必携の書を全面刷新。トレーニング技術の発達でアスリートの能力が向上してるというような近年の研究成果を反映した情報の更新はもちろん，バーチャルリアリティなど従来にないテーマもとりあげた「テクノロジー」章を新設するなど新しいテーマも加え，約170項目を紹介。各項目とも専門外でも読みやすいように基礎事項から解説。〔内容〕生理／感覚／心理／知能・情報処理／運動／生物／物理・化学／生活・健康／テクノロジー／栄養

放射化学の事典

日本放射化学会 (編)

A5判／376頁　978-4-254-14098-9　C3543　定価 10,120円（本体 9,200円＋税）

放射性元素や核種は我々の身の周りに普遍的に存在するばかりか，近代の科学や技術の進歩と密接に関わる。最近の医療は放射性核種の存在なしには実現しないし，生命科学，地球科学，宇宙科学等の基礎科学にとって放射化学は最も基本的な概念である。本書はキーワード約180項目を1～4頁で解説した読む事典。〔内容〕放射化学の基礎／放射線計測／人工放射性元素／原子核プローブ・ホットアトム化学／分析法／環境放射能／原子力／宇宙・地球化学／他

建築設備ハンドブック

紀谷 文樹・酒井 寛二・瀧澤 博・田中 清治・松縄 堅・水野 稔・山田 賢次 (編)

B5判／952頁　978-4-254-26627-6　C3052　定価 33,000円（本体 30,000円＋税）

社会の情報化，環境問題への対応を中心に，急速に発展し，変貌する建築設備分野の技術を全般にわたって網羅。建築設備技術者の座右にあって建築設備の全分野にわたり，計画上必要な基本知識を手軽に得られるようコンパクトに解説。設備以外の分野の関係者にもわかりやすく計画論を整理して提供。〔内容〕建築設備計画原論／設備計画の基礎／都市インフラと汎用設備／空気調和設備／給排水衛生設備／電気設備／防災・防犯設備／材料と施工

上記価格は 2025 年 2 月現在